ulmer

Elke Schwarzer

MORD
IM NACKTSCHNECKEN-MILIEU

Mysteriöse Kriminalfälle
in deinem Garten

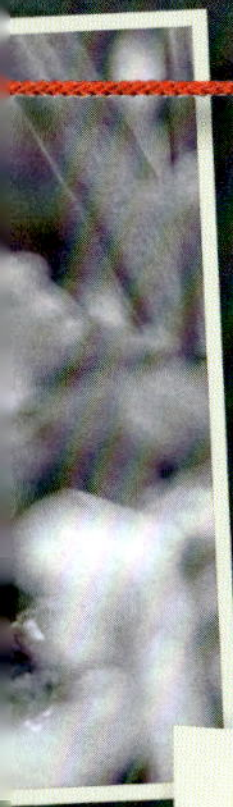

MORD & TOTSCHLAG

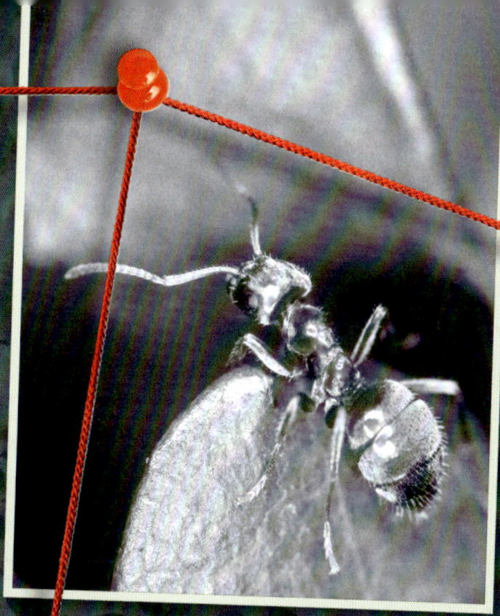

SERVICE

TATORT: GARTEN

Vieles in der Natur wirkt aus unserer Sicht ziemlich kriminell. Oft spüren wir es sogar sehr direkt – etwa, wenn uns die Stechmücke ungefragt eine Blutprobe abzapft, die mit Juckreiz nicht unter zehn Tagen bestraft wird. Da müssen wir uns dann ganz tapfer damit trösten, dass Mücken auch oft gefressen werden, was aus ihrer Sicht wiederum den Straftatbestand des Mordes erfüllt.

Selbst so niedliche kleine Sympathieträger wie die pastellige Blaumeise mit ihren Knopfaugen haben es faustdick hinter den Ohren. In einem Jahr geben sie sich noch damit zufrieden, aus dem Nest der Kohlmeise Moos und Federn zu stehlen, im nächsten werden sie kurzerhand zum Hausbesetzer und vertreiben die größere Verwandtschaft unter Androhung körperlicher Gewalt ganz aus dem Nistkasten – ganz so, als wären sie die Vermieter und würden Eigenbedarf anmelden. Und so ist die Natur ein einziges kriminelles Netzwerk, in dem munter gelogen und betrogen wird. Wir können Detektiv spielen, um diese verworrenen Verstrickungen, geheimen Machenschaften und Untergrundaktivitäten aufzudecken. In diesem Buch finden sich einige Kriminalfälle, die sich so oder ähnlich auch in deinem Garten zugetragen haben könnten. Rate mit, wer der Täter sein könnte!

Viel Spaß beim Ermitteln wünscht
Elke Schwarzer

EINBRUCH
& VANDALISMUS

1. FALL

Sabotage – und am Ende vielleicht sogar kaltblütiger Mord. Ob es die Pflanze überlebt?

Lilien im Garten sind eindeutig für Fortgeschrittene! Um auf Nummer sicher zu gehen, entschied ich mich für die Anfängersorte 'Zambesi', die auch mit Halbschatten zurechtkommt. Ich hatte mich schon so auf die weißen Blüten gefreut, aber stattdessen sind die vielversprechenden Knospen verfault und die Blätter zerfressen.

Vom Ferrari
zum Müllkutscher

TATORT

Staudenbeet im Reihenhausgarten. Die als Bio-Zwiebeln gesetzten Lilien sind bis zur Unkenntlichkeit entstellt, am Ende stehen sie nur noch als klägliches Gerippe da, vom fulminanten Blütenfinale ganz in Weiß mal ganz zu schweigen, das fällt aus. Geld zurück, grüner Daumen defekt oder war ein gut getarnter Übeltäter am Werk?

INDIZIEN

- zuerst sind Löcher und Buchten in die Blätter gefressen
- danach sind die Pflanzen mit unappetitlich grünbraunen Schleimklumpen übersät
- die merkwürdigen, unförmigen Schleimer hocken immer genau an einem angeknabberten Blatt – verdächtig!
- erst fehlen die Blattspitzen, später das ganze Blatt
- mit der Zeit werden Fraßschäden und Schleimer größer
- die Knospen der Lilie verfaulen, die Pflanze geht – komplett ihrer Blätter beraubt – später ein

Der Anfang vom Ende
Die jugendlichen Vandalen haben Löcher in die Blattunterseite genagt. Unten sieht man die orangefarbenen Eier.

ZEUGEN

- Zeugen wollen gesehen haben, wie die schleimigen Tarnkappenbomber sich ganz langsam bewegt haben, wenn sie sich unbeobachtet fühlten.
- Es wurde bemerkt, wie der Schleim am Hinterende anwächst, es scheint ihr Kot zu sein.
- Die Gärtnerin vermeldete die Sichtung eines feuerroten Käfers auf den Blättern, doch war das schon ein paar Wochen her und an sein Aussehen konnte sie sich nur noch vage erinnern, außerdem ließ er sich gleich vor Schreck fallen.
- Verdächtige orangefarbene Kugeln sollen kurz nach der Sichtung des Käfers auf den Blättern geklebt haben.
- Andere Zeugen gaben sogar zu Protokoll, verdächtige zirpende Geräusche im Sopran aus den noch intakten Lilien gehört zu haben – befand sich der Tatbestand der Ruhestörung etwa schon im Vorstrafenregister?

VERDÄCHTIGE

Faktencheck

Wer sind diese gefräßigen Müllhalden, die die Blätter auf dem Gewissen haben? Schnecken scheiden ausnahmsweise aus, denn sie sind stromlinienförmiger, nicht so unförmig wie diese dubiosen Gestalten, die ganz offensichtlich etwas zu verbergen haben. Alle Indizien sprechen dafür, dass sie die Nachkommen dieses feuerroten Käfers sind, der sich – schneller als die Polizei erlaubt – aus dem Staub gemacht hat. Das Phantombild war schnell gezeichnet: Gesucht wird ein rotes Insekt.

Gemeine Feuerwanze
Pyrrhocoris apterus

Eine für alle, alle für eine – Feuerwanzen versammeln sich gern an Linden und Malven und können sich gegenseitig ein Alibi geben. Sie haben die Ruhe weg und lassen sich nicht vor Schreck vom Blatt fallen, noch dazu finden sie Lilien ganz abscheulich, sie mögen lieber Malven- und Lindensamen. Die Larven sind stets adrett und nicht schleimig wie die Übeltäter.

Roter Weichkäfer
Rhagonycha fulva

Seine Farbtöne sind gedeckt, nicht so rot wie bei dem Gesuchten. Lilien in Knospe sind auch gar nicht sein Ding, der schlanke Käfer liebt Doldenblütler, wo er ganz ohne Hektik Pollen futtert. Auch seine Larven überstehen das Kreuzverhör mit Bravour, denn sie leben räuberisch am Boden und jagen Schnecken und Insekten – sind also die Feuerwehr, nicht die Mafia.

Detaillierte Täterbeschreibung

Der Täter bewohnt Feuchtwiesen, wo Schachbrettblumen vorkommen, die er ebenfalls frisst, besiedelt aber auch Parks und Gärten mit Lilien, die er mit seinem guten Geruchssinn aufspürt. Da die Tiere in zwei bis drei Generationen im April, Juni und September auftreten, können sie im Frühjahr auch Kaiserkronen den Garaus machen. Gelegentlich unternehmen sie einen Ausflug in den Kräutergarten und futtern Schnittlauch.

Lilienhähnchen
Lilioceris lilii

Der Käfer versteht es meisterhaft, sich dem Zugriff durch die SOKO „Lilie" zu entziehen – er lässt sich einfach fallen und taucht unter: Der alte Gauner landet stets auf dem Rücken, sodass die schwarze Bauchseite nicht auffällt am Boden. Seine Larven sind mit Eigen-Kot getarnte Fresssäcke, was sehr zu den Zeugenaussagen passt. Alles an ihm wirkt zwielichtig.

Scharlachroter Feuerkäfer
Pyrochroa coccinea

Bei diesem knalligen Käfer passt das Phantombild schon ziemlich gut. Das Familienfoto aber entlässt ihn rasch aus der Untersuchungshaft, denn seine Larven sind flach und schlank, damit sie sich unter der Rinde von Totholz als Räuber betätigen können. So ein Ganzkörperanzug aus schleimigem Kot wäre da nur hinderlich. Sie sind jedenfalls keine Vegetarier.

TÄTER

Fahndung

Bei einer Gegenüberstellung inklusive Stimmproben (der Verdächtige sang beim Verhör, was als Geständnis galt), waren sich die Zeugen einig, dass die Farbe und das Zirpen mit ihren Beobachtungen am Tatort übereinstimmen. Kein anderer Verdächtiger ist zu solchen Lautäußerungen in der Lage. Auch die Vorliebe für Lilien und die typischen Larven überführen ihn zweifelsfrei, allerdings wird er wohl nur nach dem Jugendstrafrecht verurteilt werden.

Lilienhähnchen (*Lilioceris lilii*)

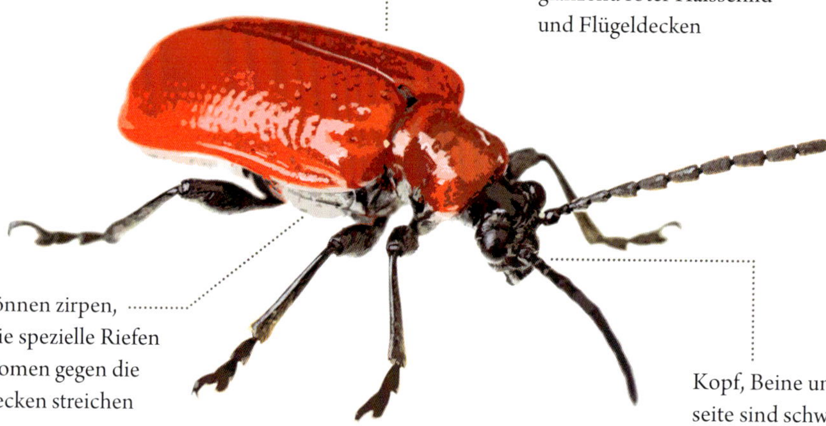

MOTIV

Heißhunger lässt Lilien leiden

Er ist die sangesfreudige Nemesis aller Lilien-Liebhaber. Trotz seines gelackten Aussehens, das dem eines Mafiabosses in nichts nachsteht, und den Ständchen, die er uns bringt, ist er nicht gerade der Blattkäfer der Herzen – zu zerstörerisch sind seine Larven.

Die Opfer: Unter den Lilien sind es Riesen- und Prachtlilien, die ihm zum Opfer fallen. Kaiserkronen und Schachbrettblumen runden den Speiseplan ab, irgendwie muss er ja mit mehreren Generationen übers Jahr kommen. Lilien-Hybriden scheinen noch besser anzukommen als Wildarten.

Charme-Offensive: Die Tat wird vorbereitet mit dem Erscheinen des unfassbar hübschen Käfers. Wie ein fabrikneuer Sportwagen tritt er auf und sitzt dekorativ auf den Pflanzen herum. Aber nicht lange, denn sobald man sich nähert, nimmt er die Beine unter den Arm und fällt zu Boden, wo er auf dem Rücken liegt und nicht auffindbar ist. Ist er bei der Tat ungestört, findet sich ein Verbrecherpaar ein und es kommt zur Eiablage. Es werden orangefarbene, längliche Eier in Gruppen auf der Blattunterseite deponiert.

Vom Sportwagen zum Müllkutscher: Die Larven schlüpfen bald und legen sich sofort einen Overall aus ihrem Kot zu, der sie tarnt und ungenießbar für Vögel macht – wer wollte schon so ein wandelndes Dixi-Klo im Schnabel haben? Die schiere Menge an Unholden auf der Pflanze führt schnell zu einem Kahlfraß, die Lilie geht oft daran ein. Nach ein paar Wochen lassen sich die Larven fallen (der Kot-Umhang mildert den Aufprall) und verpuppen sich am Boden.

Schnelle Eingreiftruppe: Trotz aller Raffinesse hat das krähende Hähnchen Feinde: Zwergwespen entwickeln sich in den Eiern und einige Schlupfwespenarten haben keine Skrupel – dem Kotsack zum Trotz – Eier in die Larven zu legen.

BEIHILFE ZUR TAT

Lilien, Kaiserkronen oder Schachbrettblumen pflanzen und abwarten. Wenn es zu viel wird, Larven absammeln, die leichter zu fassen sind als der sich immer auf der Flucht befindende Käfer.

2. FALL

Als leere Hüllen ihrer selbst sitzen die Blätter an der Pflanze und werden braun – tätlicher Angriff auf die Trockenkünstler?

Fette Henne und Sempervivum sind herrlich wartungsfrei! Als Sukkulenten brauchen sie kaum Wasser, sind frei von Schädlingen und wachsen im Falle von Sempervivum auch in der kleinsten Ritze. Doch warum vertrocknen manche Blätter dieser Unantastbaren jetzt plötzlich? Dem Täter droht eine saftige Strafe!

Schlankheitskur
für die Fette Henne

TATORT

Staudenbeet, Töpfe und Trockenmauer. Es ist Mai und von Wonnemonat keine Spur bei Sempervivum und Fetter Henne. Zerrupft und teilweise braun sitzen die Blätter an der Pflanze – bei der Dachwurz die äußeren an jeder Rosette, bei der Fetthenne die unteren.

INDIZIEN

- kaum sichtbar sitzt ein weißes Ei vorzugsweise auf den untersten Blättern der Fetten Henne
- die Blätter weisen später durchscheinend weißliche Bereiche auf, die hohl wirken
- manche dieser Stellen sind groß mit im Blattinneren locker verstreuten schwarzen, unförmigen Punkten, andere sind dünne, weiße Schlangenlinien
- in einigen kann man schemenhaft eine weißliche, längliche Gestalt erkennen
- die Blätter werden mit der Zeit immer bräunlicher und trockener
- die äußeren Blätter an den Rosetten von Sempervivum vertrocknen plötzlich
- sie lassen sich leicht herausreißen und sind nur noch leere Hüllen, die man zerbröseln kann

Ein Täter mit Insiderwissen
Bei diesem Blatt wurde auf mysteriöse Weise ein Teil des Inhalts entfernt.

ZEUGEN

- Wochen vor dem Dahinsiechen der Blätter wurden geflügelte Insekten beim Herumlungern an den Pflanzen beobachtet.
- Eine Zeugenbefragung ergab ein einheitliches Bild des Täters: Er wurde stets als dunkel gefärbt und obskur beschrieben und soll einer Schwebfliege geähnelt haben.
- Die geisterhaften Wesen in den Blättern wurden als madenförmig und weiß aufs Phantombild gezeichnet.
- Im fortgeschrittenen Stadium des Vandalismus an den Blättern der Fetten Henne wurden clevere Kohlmeisen dabei beobachtet, wie sie die Blätter aufpickten und irgendetwas Weißes herausprokelten.
- Ein Zeuge gab eine Schnirkelschnecke zu Protokoll, die an den schadhaften Stellen der Fetten Henne fraß.

VERDÄCHTIGE

Faktencheck

Gesucht wird eine dunkle Schwebfliege, die Leichen im Keller hat. Doch halt! Was war denn mit der Sichtung der Schnirkelschnecke, die sich genau an dem verunstalteten Blattgewebe gütlich tat? Sie wurde nur an der Fetten Henne, nicht aber am kleinteiligen Sempervivum gesehen. Schneckenwetter war auch schon lange nicht mehr – handelte es sich hier also nur um einen Gelegenheitsdieb? Und wer sind diese düster wirkenden Fliegen? Hat die Kohlmeise doch etwas auf dem Kerbholz?

Erzschwebfliegen
Cheilosia semifasciata und *C. caerulescens*

Dunkle Farbe, sinistres Verhalten: Die beiden Erzschwebfliegen machten sich schon durch ihr Äußeres irgendwie tatverdächtig. Als Blütenbesucher wirken sie nett und unschuldig, doch sie nutzen jede Gelegenheit zur Eiablage. Die Larven leben im Pflanzengewebe und fühlen sich dort sehr sicher – wenn hier niemand einbricht, kann ihnen keiner was.

Schnirkelschnecke
Cepea spec.

Da die Schnecke dabei beobachtet wurde, wie sie an den geschädigten Blättern der Fetthenne fraß, macht sie sich damit hochgradig verdächtig. Doch der zeitliche Ablauf passt nicht, denn sie trat erst nach großflächiger Schädigung der Pflanze auf den Plan, somit konnte ihr kein Fehlverhalten nachgewiesen werden. Sie mag auch lieber gammelige als frische Blätter, sodass sie hier eher als Schönheitschirurgin auftritt, die die Schadstellen beseitigt.

Detaillierte Täterbeschreibung

Die Täter – es scheinen mehrere zu sein – sind Kulturfolger, die ihren Futterpflanzen aus den Gartencentern und von Pflanzenmärkten in die Gärten gefolgt sind und nun ziemlich häufig auftreten. Ihren Siegeszug hat sicher auch begründet, dass sich ihre Futterpflanzen leicht vegetativ vermehren lassen und der Übeltäter so schnell den Besitzer wechselt.

Matte Schwarzkopfschwebfliege

Melanostoma scalare

Da der Täter dunkel und schwebfliegenähnlich sein soll, wurde die schmächtige Fliege gleich verdächtigt, immerhin ist sie weniger bunt und wespenähnlich als ihre illustre Verwandtschaft. Sie konnte aber beim Verhör glaubhaft machen, dass sie zum Tatzeitpunkt keine Eier an die Fette Henne, sondern an Blattlaus-kolonien gelegt hat, was mehrere erboste Ameisen bezeugten.

Kohlmeise

Parus major

Die Meise mit der schwarzen Kopfzeichnung, die sie immer wie vermummt wirken lässt, ist kein Kind von Traurigkeit. Wenn sie ganz üble Laune hat, entrindet sie mutwillig Äste, das Zerfleddern von Blättern würde also passen. Doch an der Fetten Henne hatte sie ihre Jungen dabei, die sie mit etwas aus der Fetten Henne gefüttert hat – vielleicht Larven?

TÄTER

Fahndung

Die Schnecke wurde aufgrund der Beweislage rasch aus der U-Haft entlassen, wo sie sich sowieso nur bockig und unkooperativ in ihr Haus zurückgezogen und die Aussage verweigert hatte. Schwebfliegenarten, die – so düster sie auch wirken – als Larven Blattläuse räubern, kamen ebenfalls nicht infrage, denn sie bleiben ihrem Metier stets treu. Es kam daher nur der berüchtigte Clan der Erzschwebfliegen infrage. Sie konnten auf frischer Tat ertappt werden, wie sie Eier an die geschädigten Pflanzen gelegt haben.

Erzschwebfliegen
(*Cheilosia caerulescens* oder *C. semifasciata*)

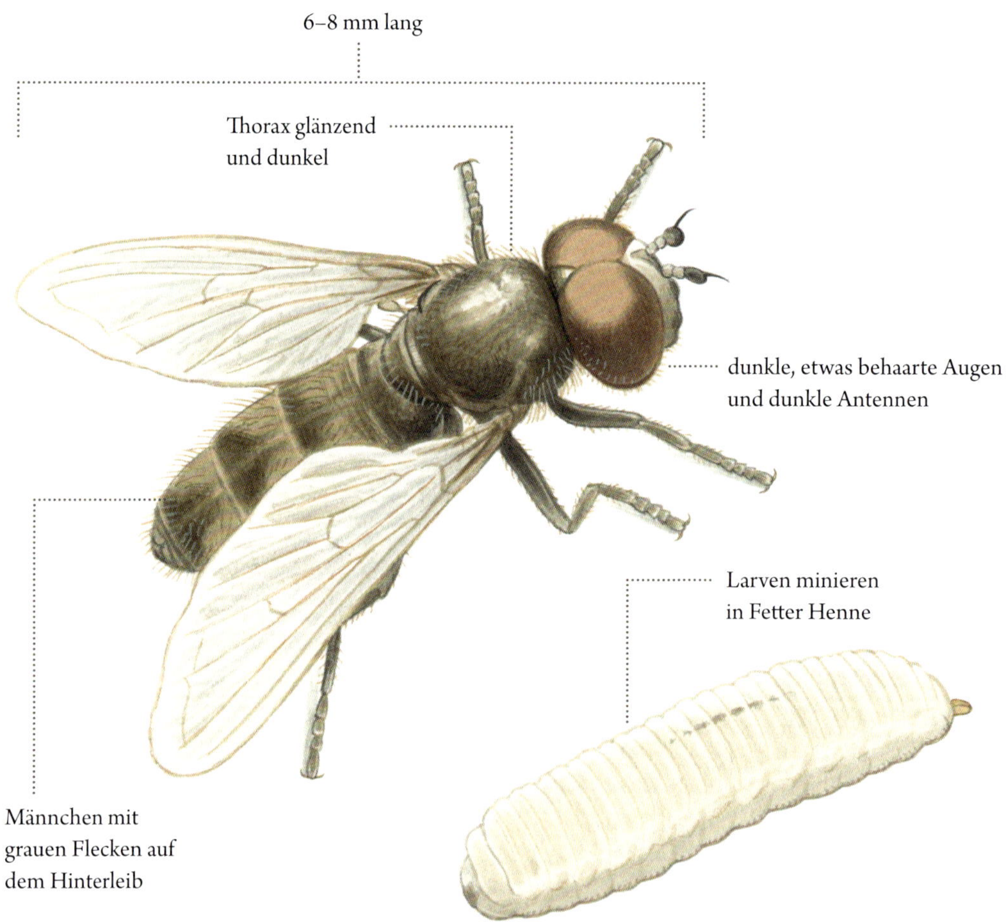

MOTIV

Kinderstube Staudenbeet: Fette Larven in fetten Pflanzen

Die gute Nachricht: Die kleinen Übeltäter, die als Fliegen zwar nicht bunt und auffällig, aber auch nicht abstoßend hässlich sind, können weder Fette Henne noch Sempervivum in Grund und Boden fressen. Allenfalls verlieren die Pflanzen ein paar Blätter, von denen sie ohnehin genug haben. Bei der Fetten Henne werden außerdem die untersten Blätter am liebsten genutzt, was leicht durch Nachbarpflanzen kaschiert wird.

Die Opfer: Während sich die Gänsedistel-Erzschwebfliege (*Cheilosia caerulescens*) auf Sempervivum stürzt und sich als Larve dort in den dicken Blättern dick und rund frisst, hat sich ihre Schwester *Cheilosia semifasciata* auf die Fette Henne (*Hylotelephium telephium*) eingeschossen, aber auch der in Gärten eher seltene Echte Venusnabel (*Umbilicus rupestris*) gehört zu ihren Futterpflanzen. Beide sind Erzfeinde von sukkulenten Pflanzen und es handelt sich um eine ganze Bande von Arten, die als Larven Blätter diverser Pflanzen schädigen.

Die Made im Speck: Nach der Eiablage auf den Blättern schlüpft die Larve und wandert gleich in das Blattinnere. An der Fetten Henne kann man ihr Treiben gut beobachten. Hier frisst sie in einem mäandernden Gang das Parenchymgewebe, das unter anderem für die Photosynthese verantwortlich ist. Das Blatt wird dadurch an der Fraßstelle bleich, gleichzeitig wird der dunkle Kot sichtbar. Die Larven können sogar das Blatt wechseln, wenn sie eines ausgeräubert haben. Sie sind beinlose, weiße Maden. Die Verpuppung geschieht außerhalb der Pflanze.

Konservendose für Kohlmeisen: Manchmal lernen Kohlmeisen, einen allzu starken Befall der Fetten Henne als Nahrung für ihre Jungen zu nutzen. Während die Kinderschar um die Pflanze herumsitzt, pult die Meise die Blätter auf und holt die dicke Made heraus, um sie an das nächsterreichbare Meisenbaby zu verfüttern.

BEIHILFE ZUR TAT

Es reicht schon, die Futterpflanzen anzubieten, die sehr langlebig sind, sodass sich das Schauspiel jedes Jahr wiederholen kann.

3. FALL

Bei genauem Hinsehen wirken einige Blüten sehr seltsam, der Pollen ist kaffeebraun statt blau – Asche auf ihrem Haupt?

Es ist der blaue Himmel auf Erden: Endlich mal ein Frühjahr mit unbeschädigten kleinen Blaublütern! Die Nacktschnecken hatten wohl Tomaten auf den Stielaugen und die sonst unwiderstehlichen Blütenblätter vom Sibirischen und Zweiblättrigen Blaustern anscheinend übersehen, aber irgendwas stimmt trotzdem nicht.

Wenn die Blüten
Trauer tragen

TATORT

Baumscheibe und Rasen unterm Apfelbaum, wo vor Jahren Zwiebeln vom Blaustern gepflanzt wurden. Die Zwerge haben sich gut vermehrt und einen dichten Blütenteppich gewebt, der vor Bienen nur so summt. Sie decken sich ein mit dem blauen Pollen. Einige Blüten aber sehen aus wie mit braunem Pulver bestreut, die Pollenpakete sind durchweg braun statt blau. Die Bienen fliegen sie trotzdem an. Beim Zweiblättrigen Blaustern mit seinen nach oben gerichteten Blüten sieht man das Elend besonders gut.

INDIZIEN

- Staubbeutel mit braunen „Pollen“
- sie stäuben sehr stark, der braune Staub löst sich leichter als der blaue Pollen bei normal aussehenden Blüten
- die sonst makellos erscheinenden Blütenblätter sind mit braunem Pulver bekleckert
- die älteren, unteren Blüten sehen fast wieder normal aus
- gerade frisch aufgeblüht sind die Staubbeutel zunächst blau
- die Laubblätter sind normal ausgebildet
- es bilden sich nach der Blüte keine Samenkapseln
- im nächsten Jahr treiben die Pflanzen wieder aus

Blaustern macht nicht blau
Der Blaustern scheint farbenblind zu sein: Der Pollen sollte eigentlich blau und nicht braun sein.

ZEUGEN

- Eine Schwebfliege berichtete, dass sie das braune Pulver, angelockt durch die blauen Blütenblätter, für Pollen gehalten hat, es aber viel zu sehr gestaubt hat und scheußlich schmeckte.
- Es wurden Honigbienen mit braunem Pollen am Körper gesehen.
- Eine Honigbiene mit eindeutig braun-blauen Pollenhöschen gab an, routinemäßig sämtliche Blüten angeflogen zu haben. Einen Unterschied zwischen braunem und blauem Pollen will sie nicht bemerkt haben. Erst im Bienenstock angekommen fiel ihr Arbeitsergebnis peinlicherweise mit Pauken und Trompeten bei der Qualitätskontrolle durch.
- Die Gärtnerin äußerte den Verdacht, dass die Pflanzen mit der braunen Soße von Jahr zu Jahr mehr werden.

VERDÄCHTIGE

Faktencheck

Die Honigbienen und auch einige Wildbienen können höchstens der Beihilfe bezichtigt werden, da sie zwar mit dem braunen Pulver hantiert haben, aber die Konzentration der Verschmutzungen auf nur wenige Pflanzen Zweifel an ihrer ursächlichen Schuld aufkommen lässt. Anscheinend haben sie den Täter wie Falschgeld in Umlauf gebracht – und dazu muss er geradezu winzig sein.

Honigbiene
Apis mellifera

Haben Honigbienen das braune Pulver von irgendwo eingeflogen und die Blüten damit besudelt? Immerhin wurde der dunkle Staub bei einer Leibesvisitation an ihrem Körper gefunden, Sachbeschädigung lag also nah. Diese Theorie wurde rasch angezweifelt, da sonst alle Blüten gleich aussehen müssten, es aber Hotspots mit durchgängig braunen Staubbeuteln gab.

Blaustern-Antherenbrand
Antherospora scillae

Durch seine Spezialisierung auf die mutwillige Zerstörung von Blausternblüten passt der Pilz sehr gut zum Täterprofil. Er befällt nur diese Pflanzen und lässt andere in Ruhe blühen. Bei seinen Opfern aber nutzt er die Staubbeutel als Vehikel für seine Sporen. Durch Sporen-, äh, Spurensicherung und Vergleich mit anderen Tatorten sollte er zu überführen sein.

Detaillierte Täterbeschreibung

Die Misere wird nur zur Blütezeit offenkundig. Der Übeltäter hat die Pflanze aber dauerhaft okkupiert und steuert sie fremd. So kann es passieren, dass infizierte Zwiebeln unbemerkt in den Garten gelangen. Auch über den Luftweg kann er sich hinterrücks anschleichen. Zum Glück taucht der Bösewicht selten auf, betrifft aber Kulturen in Gärten und Parks genauso wie Wildvorkommen vom Zweiblättrigen Blaustern.

Der Gärtner
Homo horticola

Das braune Zeug sieht verdächtig nach Kaffeepulver aus. Ebenso verdächtig ist der Gärtner, der gern den Kaffeemaschinentrester mit Schwung in die Beete entleert, um sich den Gang zum Kompost zu sparen. Die Gärtnerin hat ihn oft ermahnt, keine Blüten zu treffen. Doch der Prütt ist nicht so locker-flockig, um sich wie fieser Feenstaub auf die Pflanzen zu legen.

Schimmelpilze
Ascomyceten und Zygomyceten

Ist das Schimmel an den Staubbeuteln? Der wirkt ja immer fragwürdig, dabei machen die meisten Schimmelpilzarten auch nur ihren Job, indem sie Gammliges abbauen, was sie bei Toastbrot aber ruhig ein paar Tage später machen könnten. Und im Falle dieser Unschönfärberei können sie es nicht gewesen sein, sonst wären ja alle Pflanzen befallen.

TÄTER

Fahndung

Eine Hausdurchsuchung im Bienenstock entkräftete den Verdacht, dass die Bienen als Schurkenstaat die Misere verbreitet hatten. Es fand sich zwar das braune Pulver, aber verbacken in den Pollenpaketen, nicht hauchfein und einsatzbereit. Auch fehlte das Motiv – warum sollten die Bienen ihre Lieferanten anschwärzen? Nachforschungen an anderen Blaustern-Standorten erbrachten nur weit verstreute Nachweise des Phänomens, sodass die ubiquitären Bestäuber nicht an allem schuld sein konnten. Es handelte sich wohl um einen Einzeltäter, den äußerst gerissenen Antherenbrand.

Blaustern-Antherenbrand (*Antherospora scillae*)

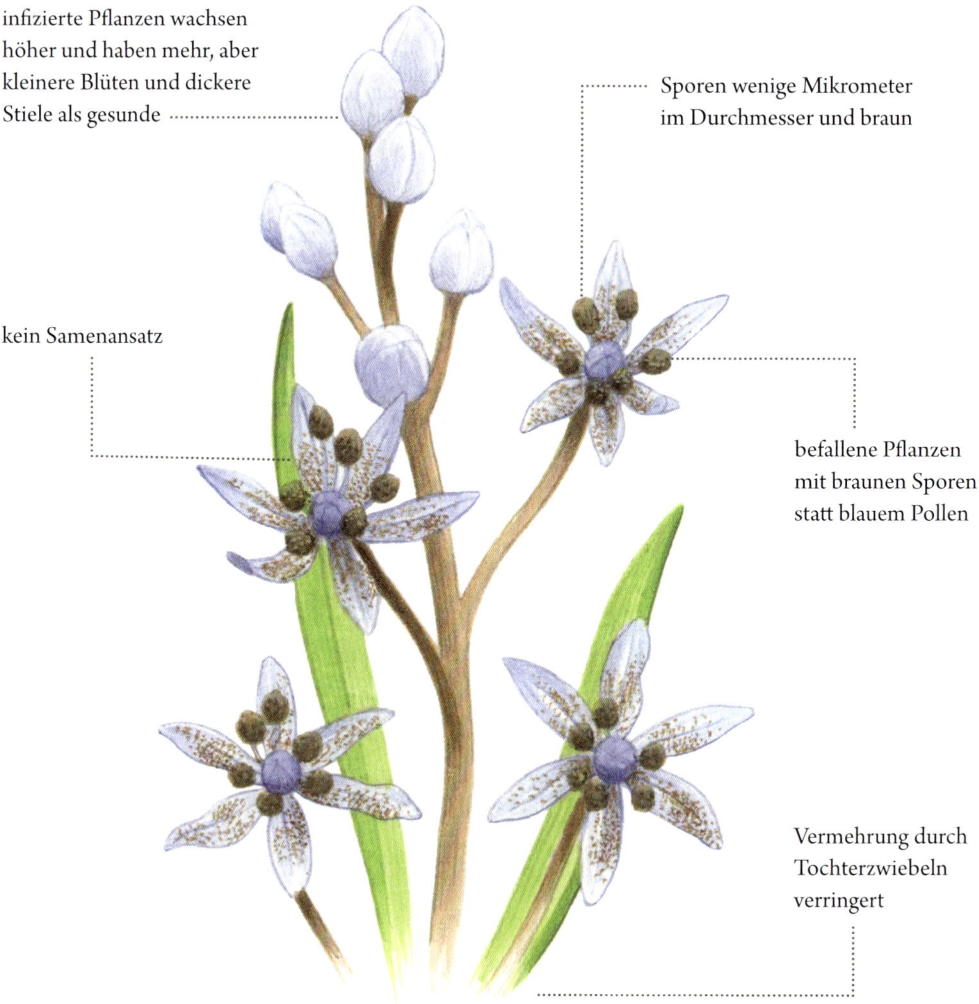

MOTIV

Geburtenkontrolle beim Blaustern zur Sporenproduktion

David gegen Goliath: Der Pilz programmiert den Wirt so um, dass statt Pollen nur Sporen gebildet werden. Blütenblätter gönnt er der Pflanze aber schon noch, denn er setzt auf ahnungslose Bestäuber als Vehikel zur Sporenverbreitung. Es wird für die Kundenbindung auch Nektar spendiert, aber weniger als bei gesunden Pflanzen.

Die Opfer: Der Pilz ist stark wirtsspezifisch und befällt nur Blausternarten – er wurde bisher nachgewiesen an *Scilla autumnalis, bifolia, forbesii, luciliae, sardensis, siberica, verna*. Sein Komplize, *Antherospora vindobonensis*, befällt den Wien-Blaustern (*S. vindobonensis*).

Auch das reinliche Seifenkraut kann sich Antherenbrand einfangen.

Feindliche Übernahme per Luftfracht: Das Verhalten der willfährigen Bestäuber wurde am Wien-Blaustern untersucht. Eine befallene Blüte produziert 125 Mal mehr Sporen als eine gesunde Blüte Pollen springen lässt. Während die Anfängerinnen unter den Honigbienen leicht auf die Sporen reinfallen, besuchen erfahrene Kolleginnen immerhin zu 65 Prozent lieber gesunde Blüten. Andere Insekten scheinen sogar wie Schmuddelkinder die Mogelpackung zu bevorzugen.

Infektionsschutz: Pflanzen können sich zwar nicht impfen lassen, aber eine sehr frühe Blüte verringert beim Wien-Blaustern die Gefahr einer Infektion, denn dann ist es kühler und es fliegen weniger Insekten. Der frühe Vogel fängt sich also weniger Krankheiten ein, wird allerdings auch weniger gut bestäubt und kann so weniger Samen produzieren – irgendwas ist immer.

Weitere Schurken: Auch andere Pflanzen haben unter artspezifischem Antherenbrand zu leiden. Lichtnelken können genauso befallen sein wie das Seifenkraut, das man dann am liebsten mit seiner eigenen Seife waschen möchte.

DEN TÄTER DINGFEST MACHEN

Damit der Pilz im Garten nicht viral geht, können befallene Pflanzen ausgegraben und entsorgt werden, entweder in der Restmülltonne oder in der städtischen Kompostieranlage, die höhere Temperaturen erreicht als der Heimkompost.

4. FALL

Fällt das eigentlich nur mir auf, dass der lichte Schatten im Garten immer lichter wird?

Er hat schon was von Konfetti-Streuschatten, denn die vielen neuen Löcher vor allem in den Blättern der Rose, aber auch des Ahorns, sehen aus wie mit dem Locher gestanzt. Für mich soll's grüne Rosenblätter regnen? Nur dass das Konfetti nicht auf mich hinabwirbelt, sondern die Party längst vorbei ist – die Blattstücke sind verschwunden, aufgefressen womöglich?

Grünes Konfetti
im Sommer

TATORT

Garten, Hecke, Park oder freie Landschaft. An den Laubblättern von Rosen, Flieder, Schneebeeren oder anderen Laubgehölzen finden sich Buchten an den Blatträndern, die eindeutig nicht arttypisch für die Pflanzenart sind. Der Tatort sieht am Ende aus, als hätte uns jemand einen Streich gespielt und einen Locher an den Blättern ausprobiert.

INDIZIEN

- nahezu perfekt kreisförmige Einbuchtungen an den Blättern
- der Lochrand ist glatt
- diese Löcher finden sich einmal quer durch den Garten an Rosen, Ahorn, Luzerne, Hortensien, Wein oder Wolfsmilch
- es werden auch angestanzte Blüten gefunden, wie die von Geranien, Rosen oder Malven
- es sind keine Kotkrümel zu sehen

Zirkeltraining am Ahorn
Jemand hat etwas krumme Kreise aus den Blättern geschnitten.

ZEUGEN

- Eine Zeugin gab zu Protokoll, dass sie ein seltsames braunes Flugobjekt gesehen hatte, das scheinbar auf einem Blattstück durch die Luft ritt und dieses dann in der Erde eines Blumentopfes versteckt hätte.
- Andere waren sich sicher, grüne Raupen gesehen zu haben, die definitiv nicht geflogen seien.
- Ein sehr aufgebrachter Zeuge gab an, dass es garantiert diese vermaledeiten Käfer seien, die alles und jedes kaputtfressen, denn die wären sofort vom Blatt gefallen, als er scharf hingeguckt hätte.

VERDÄCHTIGE

Faktencheck

Die Zeugenaussagen waren mit Verlaub gesagt sehr widersprüchlich und die Gartenkommissare hatten ihre liebe Not damit, sie auf Glaubwürdigkeit zu prüfen. Also gingen sie trotz des laut Bußgeldkatalogs eher geringfügigen Verbrechens sehr gewissenhaft ans Werk und ließen die Spurensicherung nach Indizien suchen. Dabei kristallisierten sich ein paar Hauptverdächtige heraus, von denen zwei nicht fliegen können. Die Form des Randes der Löcher und etwaige Hinterlassenschaften waren sehr aufschlussreich.

Gefurchter Dickmaulrüssler
Otiorhynchus sulcatus

Er sollte besser Gefürchteter Dickmaulrüssler heißen, denn er ist ein echtes Großmaul und verursacht einen Buchtenfraß an Blättern. Dabei kann er nicht mal fliegen und so wundert man sich, ob er ein Fluchtfahrzeug nutzt. Echte Schurken sind aber die Larven, die Wurzeln schädigen. Die Spuren an den Blättern sind stümperhafter und kleiner als am Tatort zu sehen, zudem eingekerbt.

Blattschneiderbiene
Megachile spec.

Sie nähen zwar keine Blätter zusammen, aber sind Meisterinnen im Zuschneiden, indem sie runde Blattstücke vom Rand her abtrennen. Sie hinterlassen am Tatort keine Spuren wie Kot oder Verschnitt. Da sie die Blattstücke nicht fressen, sondern als Baumaterial verwenden, sind sie nicht auf bestimmte Pflanzen angewiesen und nutzen Rosen, Ahorn oder Schneebeere.

Detaillierte Täterbeschreibung

Der auffällige, noch häufig vorkommende Täter fliegt den ganzen Sommer über und bewohnt neben Waldrändern und Brachflächen auch Gärten und Parks. Er braucht Totholz, das schon mulmig genug ist zum Graben, nimmt aber genauso gern festgebackene Erde von Blumentöpfen. Er legt Nester auch in morschen Pergolabalken oder desolaten Gartenmöbeln an. Da macht sich das Tier dann schnell als Verantwortlicher für den Schaden verdächtig, ist aber ein Mitläufer und zeigt sich erst, nachdem Pilze schon die Vorarbeit übernommen haben. Manchmal nutzen mehrere Weibchen denselben Nesteingang.

Rosenblattwespe
Allantus spec.

Kleine grüne Mambas mit braunem Kopf, das sind die gefräßigen Raupen der Rosenblattwespe. Ältere Raupen sind dringend tatverdächtig, denn sie fressen präzise gearbeitete halbkreisförmige Löcher in Rosenblätter. Aber eben nur in diese Sträucher: Ahorn und andere meiden sie. Außerdem entfernt sich bei ihnen der Täter nie weit vom Tatort und es sollte Kot zu sehen sein.

Gartenlaubkäfer
Phyllopertha horticola

Im schicken Zweiteiler mit grün glänzendem Vorderkörper und braunen Flügeldecken kommt er daher und sieht damit aus wie für die Gartenarbeit gerüstet. Und netterweise verschafft er uns ein bisschen mehr Licht, indem er Löcher in Blätter und Rosenblüten beißt. Eine Arbeitsprobe ergab aber, dass er einen Lochfraß verursacht und keine runden Löcher am Blattrand.

TÄTER

Fahndung

Der oft diskreditierte Dickmaulrüssler ist kein Kostverächter und als Generalist immer suspekt, doch gegen ihn sprachen die makellosen Lochränder. Falls die Zeugenaussage über den tagaktiven, fliegenden Täter glaubwürdig war, hatte der nachtaktive, flugunfähige Käfer sowieso ein doppeltes Alibi. Der Gartenlaubkäfer hat einen anderen Modus Operandi und die Rosenblattwespe konnte ausgeschlossen werden, da sie immer am Tatort bleibt und sich auf Rosen spezialisiert hat. Am verdächtigen Blumentopf konnte die Totholz-Blattschneiderbiene gestellt werden.

Totholz-Blattschneiderbiene (*Megachile willughbiella*)

Weibchen

Männchen

Flugzeit Juni bis September

MOTIV

Blätter als Baumarkt für den Nestbau

Sie sind die sympathischsten Vandalen von Laubblättern, die man sich denken kann: Echte Blumenkinder, die ihre Beschaffungskriminalität allein der Brutpflege wegen betreiben. Aus dem Blatt nagt das Weibchen mit ihren scharfen Mandibeln präzise ein kreisrundes Stück heraus, klemmt es sich zwischen die Beine, sodass es aussieht, als hätte sie einen Sattel, um auf einem unsichtbaren Pferd zu reiten. Diese Luftfracht bringt sie dann in ihr Nest und formt aus den einzelnen Fragmenten eine hohle Zigarre.

Feuchtfröhliche Kinderstube: Die Nester gräbt die Biene in morsches Totholz, aufgegebene Pelzbienennester oder auch in die verdichtete Erde von Blumentöpfen, wo diese grünen Zigarren beim Umtopfen manchmal freigelegt werden. Meist sind es also Standorte, wo es auch mal feucht werden kann. Die kunstvoll zu einer Tüte zusammengesetzten Blattstücke imprägnieren den Pollenvorrat und die Larve aber ein wenig.

Glücklich mit Glockenblumen: Diese Blattschneiderin besucht eine Vielzahl von Blüten, wie Wiesen-Storchschnabel, Hornklee, Herzgespann oder Platterbsen. Ihre größte Leidenschaft gilt aber den Glockenblumen. Beim Blütenbesuch wird der Hinterleib nach oben abgespreizt, was ganz typisch ist für Blattschneiderbienen.

Männchen mit Handschuhen: Die Herren mit ihren breiten Vorderbeinen sehen piekfein aus, als würden sie Handschuhe tragen. Obwohl sie damit wirken wie kleine Maulwürfe, beteiligen sie sich doch gar nicht beim Nestbau. In den Vorderfüßen befinden sich Duftdrüsen, mit denen das Weibchen bei der Paarung betört wird, das Männchen hält der Dame daher die Augen zu und bedeckt ihre Fühler.

Weibchen mit Bauchbürste: Wie bei allen Blattschneiderbienen trägt die Dame Pelz, nicht nur am Körper: Auf der Unterseite des Hinterleibs ist sie mit einer rötlichen, hinten schwarzen Bauchbürste ausgestattet, mit der sie den gesammelten Pollen zum Nest transportieren kann. Voll beladen erkennt man die eigentliche Farbe der Bürste dann nicht mehr, die einen Hinweis zur Bestimmung von Blatschneiderbienenarten liefern kann.

BEIHILFE ZUR TAT

Ein immerblühender Garten mit Glockenblumen und Totholz lockt die Biene an. Ihr Baumaterial findet sie dann schon.

KRIMINELLE BANDEN: **SCHNECKEN**

Held oder Schurke im Leopardenlook? Der **Tigerschnegel** (links) kann die Seiten wechseln. Manchmal wird er am Salat erwischt, andererseits attackiert er selbst im Vorbeigehen Nacktschnecken. Dummerweise vermehrt er sich langsamer als seine Beute.

Die **Spanische Wegschnecke**, die gar nicht aus Spanien stammt und auch nicht aus dem Land der Mafia, ist an krimineller Energie nicht zu überbieten. Ob Gemüse oder Staudensämlinge: Sie meuchelt kreuz und quer durch den Garten. Ihr Erzfeind sind trockene Sommer und strenge Winter, aber letztere gehören zu den aussterbenden Arten.

ZWIELICHTIGE GESTALTEN MIT STIELAUGEN

Nacktschnecken, die wie weiland die Wikinger zum Plündern in Gemüsebeete einfallen, agieren zwar nicht im Team, sind aber durch ihre schiere Masse einfach überwältigend für Kohl und Co. Auch die Polizei in Form von Igeln, Amseln und Kröten, ist hier mehr oder weniger machtlos, da einige Clans wie die Spanische Wegschnecke mit ihrem zähen Schleim nicht zu fassen sind, andere können sich so gut in die Bodenkrumen verkriechen, dass sie sich tagsüber raffiniert dem Zugriff entziehen und nur im Schutze der Dunkelheit agieren. Nacktschnecken können sogar unabsichtlich als Mörder agieren, wenn sie Lungenwürmer auf Igel übertragen.

Sie sind die Guten: **Schnirkelschnecken** sind lustig geringelt und futtern lieber welke Pflanzenteile. Da sie mit Eigenheim unterwegs sind, können sie sich bei Dürre nicht wie die flexiblen Nacktschnecken in den Untergrund zurückziehen und leiden daher mehr unter dem Klimawandel.

Die **Mittelmeer-Ackerschnecke** ist klein und biegsam wie ein Schlangenmensch. Sie ist eingeschleppt und treibt ihr gefräßiges Unwesen nun in Gemüsebeeten. Grenzkontrollen wirken bei ihr kaum und nun gibt es einen schleimigen Schurken mehr im Gurkenbeet.

Clan-Fehde im Nacktschnecken-Milieu

Es gibt zwar keine Massenschlägerei, aber der als ehrenwert angesehene Tigerschnegel macht sich schon mal nützlich, indem er Nacktschnecken-Gelege ausnimmt und auch vor körperlicher Gewalt gegen andere Weichtiere nicht zurückschreckt. Es wird aber immer noch ermittelt, ob er sie wirklich mit Bissen traktiert, um sie zu fressen, oder sich nur einen konkurrierenden Clan vom Hals halten will. Ein effektives Sondereinsatzkommando gegen eine Schneckenplage ist er jedenfalls nicht, wird aber genauso durch Schneckenkorn geschädigt – und dann ist der Mörder doch wieder der Gärtner.

5. FALL

Da waren die Blüten von Akelei und Beinwell gerade so schön aufgeblüht und schon sind sie ganz durchbohrt.

Die Sporne der blauen Akelei sind sogar völlig durchgekaut, sodass sie nun aussehen wie mottenzerfressene Zipfelmützen. Wer macht denn sowas und warum?

Brachiale
Blütenbesucher

TATORT

Staudenbeet mit Akelei, Wicken, Gewöhnlichem Beinwell, Gefingertem Lerchensporn und Frühlings-Platterbse – ob zeitiges Frühjahr oder Hochsommer, immer finden sich irgendwo durchgeknetete Blütensporne oder Blüten mit Löchern.

INDIZIEN

- die langen Sporne der Akelei sind an der Spitze geöffnet und sehen zerfleddert aus
- beim Gefingerten Lerchensporn sind die Löcher etwa in der Spornmitte zu finden
- röhrige Blüten wie vom Beinwell weisen oben kleine, längliche Löcher auf
- bei Wicken, Seifenkraut und Platterbsen befindet sich die Öffnung in der Nähe der Kelchblätter
- an den weißen Blüten der Lavendelheide sind die Löcher herzförmig
- der Rand der Löcher färbt sich mit der Zeit bräunlich
- in vielen Blüten entdeckt man mehrere Löcher
- es finden sich meist keine Schleimspuren an den Blüten, zumindest ist dies nur selten der Fall

Beinwell mit Biss
Die Blüten haben Löcher, wo keine sein sollten. Durch die bräunliche Farbe fallen die Schäden schnell auf.

ZEUGEN

- Der Gärtner konnte bei genauem Hinsehen winzige Wildbienen an manchen Blüten sehen, wie sie ihren Rüssel durch die Löcher steckten.
- Heuschrecken hüpften ebenfalls in dieser Gartenecke umher.
- Die üblichen Verdächtigen wie Hummeln und Honigbienen hatte die Gärtnerin tags zuvor beobachtet und auch Fotos von ihnen gemacht.
- Der Nachbar hatte abends Schnecken in dem fraglichen Beet entdeckt – und waren die nicht überhaupt an allem schuld?

VERDÄCHTIGE

Faktencheck

Obwohl es dem Staudenfreund natürlich in der Seele wehtut, die Blüten so verunstaltet zu sehen, ist die wahre Geschädigte die Pflanze. Der Nektar sitzt bei Akelei und Co. ganz oben im Sporn, der Pollen am Eingang. Wenn also mit den Bissspuren ein Kurzschluss direkt zum Nektar geplant war, wird die Blüte nicht bestäubt. Sind es doch Schnecken, die mal Nektar trinken möchten? Fliegen als Blütenbesucher können ausgeschlossen werden, denn sie haben keine beißenden Mundwerkzeuge. Bleiben noch die Bienen, die ja einem guten Schluck Nektar nicht abgeneigt sind …

Nacktschnecken
diverse Arten

Die Löcher sind so klein und filigran, dass ausnahmsweise den Schnecken wohl keine Schuld in die Kriechsohle zu schieben ist. Sie haben zwar eine Raspelzunge, doch die stecken sie nicht zum Nektarnaschen in die Blüten, sondern um mit ihnen ganz kurzen Prozess zu machen. Die Spurensicherung hat an dem Großteil der Blüten nicht mal Spuren von Schleimspuren gefunden.

Honigbiene
Apis mellifera

Honigbienen sind nicht wählerisch, was den Blütenbesuch angeht. Noch dazu haben sie starke Mundwerkzeuge, sind aber minderbemittelt bei der Rüssellänge. Und tatsächlich gibt es einige Blüten, für die ihnen entweder die Kraft, das Know-how oder ein langer Rüssel fehlt. Lerchensporn (zu lang) und Wicken (technisch anspruchsvoll) gehören zum Beispiel dazu.

Detaillierte Täterbeschreibung

Der Schuldige ist ein Generalist und besucht eine Vielzahl von Blüten. Seine Nester baut er unterirdisch, gern in Mauselöchern und Maulwurfsgängen. Er kann auch bodennahe Mauernischen oder Hummelkästen besiedeln. Die Völker sind klein und umfassen 100–600 Tiere. Arbeiterinnen fliegen von März oder April bis Oktober, die überwinterte Königin erscheint schon früh im Februar oder März.

Erdhummel

Bombus terrestris

Erdhummeln sind mit der Statur eines Bodybuilders gesegnet, doch was die Rüssellänge angeht, stehen sie ihren Verwandten, wie Acker- und Gartenhummel oder auch den Pelzbienen, um einiges nach. Während die langrüsseligen Hummeln es nicht nötig haben, eine Blüte aufzubeißen, und der Ehrenkodex ihnen so etwas verbietet, ist der Erdhummel so etwas zuzutrauen.

Totholz-Blattschneiderbiene

Megachile willughbiella

Eine Observation an den Blüten vom Beinwell überführte ein Männchen der Totholz-Blattschneiderbiene beim Nektarnaschen durch ein Loch in der Seitenwand der Blüte. Der Tatbestand des Einbruchs an sich konnte aber nicht bewiesen werden, der Verdächtige kann sich auch nur an einer schon vorhandenen Öffnung bedient haben, wäre also ein Trittbrettfahrer.

TÄTER

Fahndung

Da die Fahndung mithilfe von Speichelproben sich aufgrund der Vielzahl an Blütenbesuchern als nicht effektiv herausstellte und sich auch Fingerabdrücke bei Insekten nicht eignen, wurde wie schon bei der Blattschneiderbiene auf die altbewährte Rundum-Überwachung gesetzt. Und tatsächlich stellte sich der Fall eher als Bandenkriminalität dar, denn sowohl Honigbienen als auch mehrere Hummelarten konnten beim Aufbrechen der Blüten in flagranti überführt werden, allen voran die in Gärten häufige Erdhummel.

Erdhummel (*Bombus terrestris*)

MOTIV

Einbruchdiebstahl

Die Königin schlüpft zur Blüte des Gefingerten Lerchensporns und hat gleich ein Problem: Während die Frühlings-Pelzbiene mit ihrem Elefantenrüssel geradezu angeberisch von unten an den Nektar kommt und die Blüte ordnungsgemäß bestäubt, muss die Hummel in die Illegalität abrutschen. Sie beißt ein Loch in den Sporn und hat direkten Durchgriff zum Nektar. Später im Jahr schließen sie die Blüten von weiteren Pflanzen kurz, wie beim Beinwell.

Arbeitsverweigerung: Diese Hummel bestäubt die Akelei jedenfalls nicht.

Die Opfer: Die kurzgeschlossenen Blüten werden von der Hummel nicht bestäubt und die betrogenen Pflanzen könnten sich gar nicht vermehren, wenn da nicht das Heer der unbescholtenen Bestäuber wäre.

Wir zwicken zu guten Zwecken: Es gibt etliche Nutznießer, wie kleinere Wildbienenarten, die ohne die Löcher keine Chance hätten, an Nektar zu kommen. Schmalbienen und die Totholz-Blattschneiderbiene sind begeistert. Viele Blüten sehen irgendwann aus wie ein Sieb und so müssen die Opportunisten nicht lange suchen.

Täter, wohin man schaut: Die Honigbiene, die immer als fleißige Super-Bestäuberin gefeiert wird, ist kein Unschuldslamm, auch sie beißt ohne Skrupel Löcher in Nelken- oder Wickenblüten. Die Zaunwicken-Sandbiene wendet sogar die illegale oder die legale Beschaffung von Nektar an der Zaun-Wicke an, je nachdem, ob sie Pollen oder nur Flugbenzin braucht.

Echte Profis: Bei der Bergwaldhummel fand man heraus, dass die kurzrüsseligen Tiere beim Kleinen Klappertopf in einem Jahr fast nur von rechts, im nächsten von links in die Blüte einbrachen. Während im Frühjahr auch noch die jeweils andere Seite aufgebissen wurde, flogen die Hummeln später im Jahr zielstrebig die in dem Jahr bevorzugte Seite an. So konnte bewiesen werden, dass das Verhalten nicht ausschließlich angeboren ist, sondern die Hummelarbeiterinnen voneinander lernen. Es muss nur eine vormachen, wie es geht.

BEIHILFE ZUR TAT

Ein immerblühender Garten mit vielen heimischen Pflanzen macht das Beobachten der Tat leicht und die Täter finden immer reichlich Beute.

6. FALL

Das Abendessen musste noch mit Salbei aus dem Garten verfeinert werden. Aber da hatte wohl schon jemand dieselbe Idee gehabt …

Die obersten Blätter waren ganz zerpflückt und grobschlächtig zerfleddert. Wer auch immer die Pflanze so zugerichtet hatte, brachte wohl nur das große Besteck mit und hatte keinerlei Gespür für Ästhetik – schließlich schneidet man immer direkt über einem Blattpaar ab und reißt nicht kreuz und quer an der Pflanze herum. Gärtnerische Erfahrung hatte der Dieb ja wohl eindeutig nicht. Aber einen guten Geschmack.

Krawall
im Kräuterbeet

TATORT

Kräutergarten und Staudenbeet. Quer durch den Garten wurden die Blätter von verschiedenen Pflanzen zerfleddert und angebissen. Besonders auffällig ist der Schaden an einigen Küchenkräutern. Hier blieb der Schnittlauch immerhin unversehrt, genauso wie Sauerampfer und Meerrettich.

INDIZIEN

- die obersten Blätter, manchmal auch seitlich am Stängel befindliche, sind zerfleddert
- es sind keine Kotspuren zu entdecken
- auffällig ist, dass immer nur aromatisch duftende Kräuter und Stauden betroffen sind, wie Zitronenmelisse, Salbei, Süßdolde, Lavendel, Bergminze, Currykraut, Minze, Oregano, Wohlriechendes Flohkraut, Gundermann, Fenchel oder Gold-Schafgarbe
- Pflanzen mit Senfölglykosiden wie Kohl oder Senf oder mit Oxalsäure wie Ampfer werden nicht angerührt
- der Vandalismus findet nur in einer kurzen Zeit im Frühjahr statt, nie im Sommer oder Herbst

Massaker mit Mandibeln?
Nicht nur der Salbei, auch die Minze wurde an den Triebspitzen verbissen.

ZEUGEN

- An einigen der geschädigten Pflanzen vermeldeten Zeugen tags zuvor einen Befall durch Schnecken, aber eben nicht an allen.
- An einigen Kräutern wurde auch Raupenfraß gesehen.
- Die Gärtnerin meinte aus dem Augenwinkel gesehen zu haben, wie ein kleiner blauer Vogel aus dem Kräuterbeet flog.
- Die Blaumeise hatte tatsächlich einen verdächtig grünen Schnabel.
- Nachbars Kater wurde dabei gesehen, wie er sich in der Katzenminze gewälzt hat.

VERDÄCHTIGE

Faktencheck

Die Indizien geben Rätsel auf: Der Täter war sehr gewissenhaft und hat keinerlei Spuren am Tatort hinterlassen – ein echter Profi. Weder ist an allen verstümmelten Pflanzen Schneckenschleim zu finden noch Kotkrümel von Raupen. Der Übeltäter ist offenbar nicht auf eine bestimme Staude festgelegt, sondern scheint nur nach dem Geschmack zu gehen. Gesucht wird also ein Connaisseur, der gern Blätter zerstückelt. Doch was ist sein Motiv?

Spanische Wegschnecke
Arion vulgaris

Man sollte ihr ein Ticket zurück nach Spanien spendieren. Nur: Die Art ist für unsere Breiten zwar neu, kommt aber gar nicht von dort. So sehr man ihr die Pest an den Hals wünscht – in diesem Fall kann sie es nicht gewesen sein, denn es fehlt der Schleim bei den angeknabberten Pflanzen. Auch hat sie ein Alibi, da sie zur Tatzeit am Salat beschäftigt war.

Blaumeise
Cyanistes caeruleus

Sie ist ein kleiner Vogel, der sich hauptberuflich von Insekten ernährt, wenn sie auch deftiger Kost in Form von Sonnenblumenkernen oder Erdnussbutter gegenüber nicht abgeneigt ist. Doch das Grünste, was sie verschluckt, sind Rosenblattläuse. War sie wirklich mit dem Schnabel an den Pflanzen in zerstörerischer Mission zugange oder hat sie nur Raupen gesucht?

Detaillierte Täterbeschreibung

Der Täter ist in Laub- und Mischwäldern zu Hause und meidet reine Nadelwälder. Auch in Gärten und Parks kommt er vor, wo er sich als schlauer Schädlingsbekämpfer nicht nur Frostspannern annimmt, sondern auch Rosenknospen mit Begeisterung von Blattläusen befreit. Er profitiert von Nistkästen, die er gerne annimmt, wenn der Durchmesser des Einfluglochs etwa 26 mm beträgt. Bei größeren Löchern gewinnen dominantere Verwandte. Die liebenswerten Ganoven sind aber erfinderisch und brüten auch in Straßenlaternen, Ampelmasten, Briefkästen oder in der Dämmung von Gebäuden, wo sie höchstpersönlich das Styropor aus der Wand basteln.

Raupen
diverse Arten

Für alle zerfledderten Pflanzen sollte es eine Falter- oder Mottenart geben, die an ihr frisst. Doch ist es nicht plausibel, dass alle Stauden zur gleichen Zeit Schäden aufweisen, und man an den Stängeln noch nicht mal den typischen Raupenkot findet. Denn diese grünen Krümel sind immer irgendwo zu sehen, da kann sich die Larve noch so gut versteckt haben.

Nachbars Kater
Felis catus

Mit Grünzeug im Futter kann man Katzen normalerweise jagen, doch haben sie einen echten Narren an manchen Gartenpflanzen gefressen. Besonders Katzenminzen können schon mal in Grund und Boden gekuschelt werden, da sind sie wie im Rausch. Doch passen die meisten der geschädigten Pflanzen nicht in ihr Beuteschema und sind nicht platt gewalzt, sondern angefressen.

TÄTER

Fahndung

Bei so vielen verschiedenen Pflanzen war es schlicht unmöglich, sie alle einer Kameraüberwachung zu unterziehen. Also wurde mit mittlerem Personaleinsatz nur das Kräuterbeet unter Ausschluss des Katers observiert und dies auch nur bei Tage, denn der blaue Vogel, den die Gärtnerin beobachtet hatte, war die einzige brauchbare Spur. Und tatsächlich ging den Fahndern die Blaumeise ins Netz, die Blätter abzupfte. Bei einer Hausdurchsuchung im Nistkasten wurden sie auf dem Nestrand drapiert wiedergefunden und zweifelsfrei als das Diebesgut identifiziert.

Blaumeise (*Cyanistes caeruleus*)

MOTIV

Aromatherapie gegen Parasiten

Warum mag die Meise Melisse? Was hat sie davon, wenn sie aromatisch duftende Blätter abzupft und ins Nest bringt? Denn von allen möglichen Gartenpflanzen pickt sie sich gezielt solche mit flüchtigen Duftstoffen heraus, die auch leicht von uns wahrgenommen werden können. Ihre Sammelleidenschaft ist besonders groß, wenn Nestlinge zu versorgen sind. Die abgezupften Blätter werden am Nestrand deponiert. Manche verduften sehr schnell und müssen nachgelegt werden, andere, wie Lavendellaub, halten ein paar Tage länger.

Raumparfum für das Kindeswohl: Die von der Blaumeise verwendeten Pflanzen sind solche, die auch uns Menschen bekannt sind für ihre antiseptische Wirkung, von antibakteriell über fungizid bis hin zu repellent gegenüber Insekten. Die Inhaltsstoffe sind Linalool, Kampfer, Limonen, Cineol, Pulegon oder Myrcen. Diese Hausapotheke der Meise vertreibt Parasiten wie Flöhe, Schmeißfliegen und Federlinge aus dem Nistkasten und fördert ganz allgemein die Gesundheit der Küken, indem Bakterienbefall gemindert wird.

Kräuter im Starenkasten: Auch Stare nutzen gern aromatische Kräuter im Nest. Sie pflücken am liebsten Schafgarbe, Wiesen-Bärenklau, Kerbel, Holunderblätter, Giersch und Weidenlaub, aber auch die Blüten von Gänseblümchen. Man fand heraus, dass sich die Stareneltern besser um die Eier und die Jungvögel kümmern, wenn das Nistmaterial gut riecht. In Nestern ohne Kräuter schliefen die Altvögel sogar eher aus und waren nicht so fleißig wie in einer duftenden Umgebung. Bei Staren ist es das Männchen, das Kräuter und Blumen pflückt, bei der Blaumeise das Weibchen.

BEIHILFE ZUR TAT

Blaumeisen kann man leicht in einem giftfreien Garten mit Nistkästen fördern. Zur Wellnessoase wird ihr Revier mit einem reich ausgestatteten Kräutergarten, der alle ihre Lieblingspflanzen enthält.

7. FALL

Hat die Blume einen Knick, war die Hummel wohl zu dick. Hängen die Rosenknospen deshalb auf Halbmast?

Den Hummelspruch hatte die Gärtnerin eigentlich nie gemocht, denn Blumen sind biegsam und insektengeprüft, doch an diesem Tag im Mai war sie sich nicht mehr so sicher. An den frühblühenden Wildrosen baumelten die Knospen, als hätte sie jemand umgeknickt. Welcher Banause bringt sich und andere denn um den Genuss von duftenden Rosenblüten und verwandelt sie in gammelnde Knospen? Ein Romantiker war hier jedenfalls nicht am Werk.

Rabauken
an den Rosen

TATORT

Ein Garten oder Park mit Wildrosen wie der Bibernell-Rose (*Rosa spinosissina*), der Alpen-Heckenrose (*R. pendulina*), der Büschel-Rose (*R. multiflora*) oder frühblühenden Zuchtsorten wie 'Frühlingsgold', 'Glory of Edzell' oder 'Stanwell Perpetual'.

Hängende Gärten
Bei der Rosenknospe wurde kurz vorm Aufblühen der Stiel halbiert. Nun baumelt sie anklagend am Ast.

INDIZIEN

- viele Blütenknospen hängen herunter
- manche sind noch fest geschlossen, bei anderen sieht man schon die sich (nun nicht mehr) entfaltenden Blütenblätter
- es liegen Knospen am Boden
- der Stiel wurde durchtrennt: entweder ganz, oder so, dass die Knospe noch am seidenen Faden hängt
- bei genauer kriminaltechnischer Untersuchung findet man im Fruchtknoten ein Loch, das sich mit der Zeit schwarz verfärbt
- die geschädigten Knospen werden später braun
- auch Himbeer- und sogar Erdbeerknospen werden malträtiert

ZEUGEN

- Die Gärtnerin hat beobachtet, wie Blaumeisen die Knospen absuchten und an ihnen gepickt haben.
- Der äußerst gewichtige Rosenkäfer trieb sich verdächtig oft im Garten herum.
- Es wurden auch sehr winzige Käfer an den Knospen gesehen, die aufgrund ihrer Größe gar nicht schuldig wirkten.

VERDÄCHTIGE

Faktencheck

Gesucht wird ein Täter, der routinemäßig Rosenknospen knickt. Das können sowohl der korpulente Rosenkäfer als auch die im Vergleich zu einer Knospe gigantisch große Blaumeise sein, beiden fehlt aber ein Motiv. Selbst wenn es ein Versehen wäre, ist nicht zu erklären, wie so viele Blüten auf einmal geschädigt werden. Ist etwa das Loch in jedem Fruchtknoten eine Spur? Für so etwas Filigranes sind sowohl der Schnabel der Meise als auch die Mandibeln des Rosenkäfers nicht feinmotorisch genug. Es muss sich also um ein winziges Tier mit Präzisionswerkzeug handeln.

Goldglänzender Rosenkäfer
Cetonia aurata

Er ist als Connaisseur von Rosen bekannt und würde auch das notwendige Kaliber und Gewicht mitbringen, um zarte Knospen abzuknicken, wenn er sich auf sie setzen würde. Allerdings ist der Rosenkäfer bekannt dafür, Pollen und Blütenblätter zu fressen und sich keine Konserven aus Knospen anzulegen, mit denen er sich nur um seine Lieblingsspeise bringen würde.

Rosenblütenstecher
Mecorhis ungarica

Dem Namen nach ist dieser Rüsselkäfer mit Sicherheit der Hauptverdächtige, der sich bandenmäßig Rosenknospen vorknöpft. Auffällig rot-schwarz gezeichnet ist er nicht zu übersehen und würde auf jedem Fahndungsfoto wiedererkannt werden. Allein sein Wirkungsbereich wirft Fragen auf, denn er treibt in Südeuropa, höchstens noch in Ost-Österreich, sein Unwesen.

Detaillierte Täterbeschreibung

Der Täter ist in Parks und Gärten zu Hause, bewohnt aber auch Waldränder und ganz besonders gern Obstplantagen und Erdbeerfelder, wo er sich wie im Schlaraffenland fühlt. Die erwachsenen Tiere erscheinen im April auf der Bildfläche und fressen an Knospen, Blättern und Früchten, der eigentliche Schaden tritt aber erst auf, wenn die Weibchen die Knospen zur Eiablage nutzen.

Erdbeerblütenstecher
Anthonomus rubi

Erdbeerblütenstecher an Rosen? Klingt erst einmal gänzlich unverdächtig. Der winzige Rüsselkäfer sieht auch durch und durch unschuldig aus, als könnte er kein Wässerchen trüben und keine Knospe knicken. Die Fahnder stießen in seinem Lebenslauf aber auf ein Detail, das aufhorchen lässt: Hat das kleine Unschuldslamm etwa auch Rosen in seinem Beuteschema?

Blaumeise
Cyanistes caeruleus

Eigentlich ist die Blaumeise die beste Freundin der Rosen, wenn der kleine Vogel geschickt an den Knospen und den dünnsten Ästen turnt, um Blattläuse von den Sträuchern zu picken. Die sind sehr oft verlaust, sodass die Meise dort auffällig oft herumpickt. Kann dabei etwas zu Bruch gehen? Und dann noch in dem Ausmaß? Dann wäre sie ein echter Tollpatsch.

TÄTER

Fahndung

Die stichhaltigen Beweise für die Anwesenheit das Täters liegen auf der Terrasse oder in der angrenzenden Vegetation, bis sie schließlich unbemerkt im Dickicht verschwinden. Nun muss der Vandale nur noch überführt werden. Der Einstichstelle nach wird es ein sehr kleiner Delinquent sein, der sich anscheinend rasch aus dem Staub macht, wenn man sich nähert. Statt des direkten Zugriffs, dem er sich durch einen fingierten Sturz entzog, wurde ein Tuch als Falle unter den Zweig gehalten und dann am Ast gerüttelt. So konnte ein kleiner schwarzer Rüsselkäfer in Haft genommen werden.

Erdbeerblütenstecher (*Anthonomus rubi*)

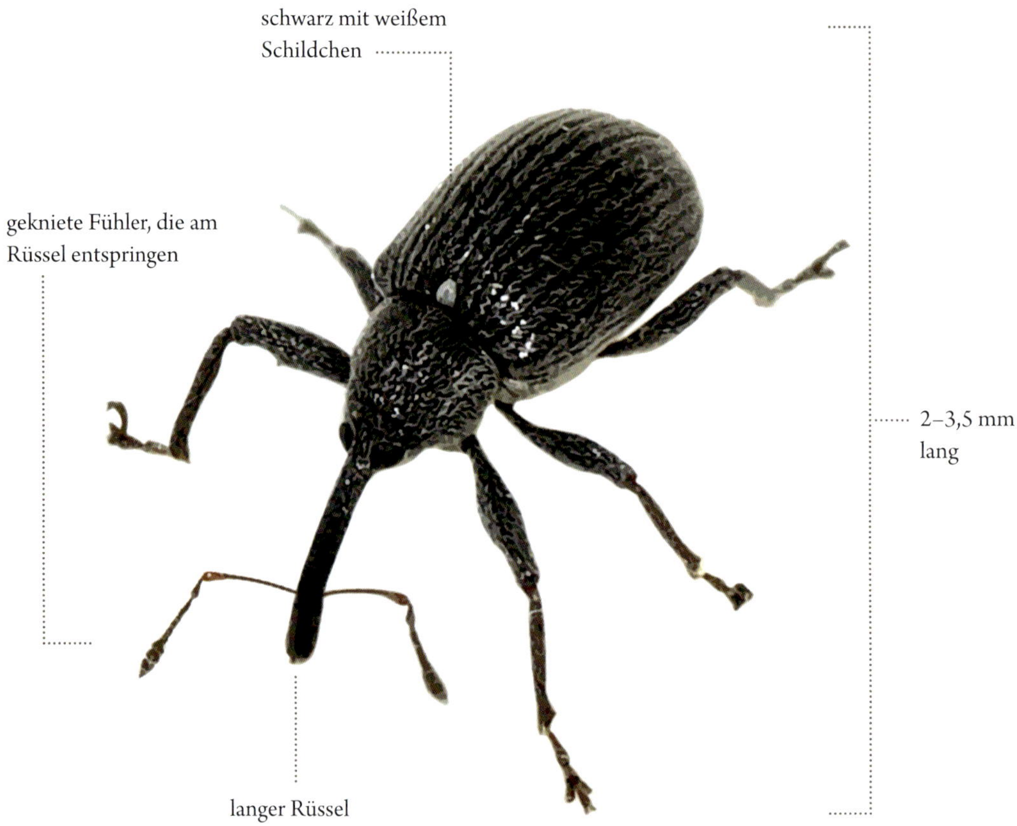

MOTIV

Knospenkonserve als Kinderstube

Der Fruchtknoten einer Rosenknospe ist nicht von schlechten Eltern. Darin warten kompakt verstaute proteinreiche Staubblätter auf ihren großen Auftritt, den sie dank des Käfers aber nicht mehr erleben. Denn er sticht die Knospe an und legt ein Ei in das Loch. Die Larve frisst dann unbehelligt im Inneren den Inhalt auf. Da die Knospe durch den Anstich des Blütenstiels am Aufblühen gehindert wird, da ihr so der Saft abgedreht wurde, hat die Larve jetzt alle Zeit der Welt und kann sich in der Knospe dick und rund futtern.

Knospenkindergarten statt Blüten: Man kann den kleinen Käfer nicht für das Bienensterben verantwortlich machen, obwohl er den brummenden Blütenbesuchern schon gehörig in die Suppe spuckt, wenn er alle Blüten ungeöffnet für sich selbst konserviert. Das Problem ist auf jeden Fall optischer Natur: Nicht auszudenken, wie wunderschön die Rosen aussehen würden, wenn er ihnen nicht Hunderte von Knospen entwenden würde. Zumindest bei der Büschel-Rose sieht man später kaum einen Unterschied, ob ein paar Knospen fehlen oder nicht. Da brummt der Laden am Ende doch noch.

Kleinkrimineller Erdbeerpflücker: In Erdbeerfeldern oder Himbeer- und Brombeerplantagen kann der zugegebenermaßen äußerst niedliche kleine Kerl größeren Schaden anrichten als im Garten, denn neben Rosen befällt er im großen Stil auch andere Rosengewächse wie eben Erdbeeren. Immerhin befällt er auch bei diesem Obst die Knospen, man muss also keine Angst haben, eine Frucht mit Fleischeinlage zu essen. Seit der Erdbeeranbau dazu überging, Monatserdbeeren mit längerer Ernteperiode zu nutzen, hat der Käfer sich offenbar daran angepasst und setzt seine kriminelle Energie nun auch über einen längeren Zeitraum ein.

BEIHILFE ZUR TAT

Möchte man das Phänomen der hängenden Gärten an Rosensträuchern beobachten, kann man frühblühende Wildrosen pflanzen. Wenn es zu viel wird und man die Erdbeeren nicht opfern möchte, muss man die befallenen Knospen allerdings einsammeln.

RAUB
& DIEBSTAHL

8. FALL

Es sollte ein üppiges Festmahl werden. Doch dazu kam es nicht mehr.

Die ganze Nacht hatte die Gartenkreuzspinne ein perfektes Radnetz zwischen zwei Grashalmen gewebt und sich im Morgengrauen in Erwartung reicher Beute in ihren gemütlichen Schlupfwinkel an der Grasblüte zurückgezogen. Und tatsächlich ging gegen Mittag eine Schwebfliege in die Falle. Die Spinne sondierte sorgsam und virtuos an den Fäden zupfend, wo genau im Netz sich der Fang ereignet hatte. Einmal lokalisiert, eilte sie zum richtigen Netzsektor und wickelte die Schwebfliege geschickt ein, um sie später zu verspeisen.

Mundraub
mit Netz und doppeltem Boden

TATORT

Radnetz zwischen zwei Grashalmen. Die Gartenkreuzspinne gab zu Protokoll, dass der hart erarbeitete Fang in ihrem Radnetz angeknabbert und sämtlicher Kalorien beraubt worden war. Nur noch klägliche, saftlose Reste baumelten traurig im Netz. Zuvor hatte sie die erbeutete Schwebfliege im entsprechenden Netzsektor sorgsam und geschickt eingewickelt, um sie am Nachmittag zu verspeisen.

INDIZIEN

- ein übel zugerichteter Schwebfliegentorso, der definitiv nicht von einer feinmotorisch begabten Spinne verspeist worden ist
- keine typischen zwei Einstichlöcher der Spinnen-Cheliceren am Corpus Delicti
- mehrere große, ausgefranste Sauglöcher, die nur ein echter Banause ohne Tischmanieren angerichtet haben kann
- Einstichstellen wie bei einer grobschlächtigen Mordwaffe, die von den Mundwerkzeugen zu einem kauenden, nicht stechenden Vertreter unter den Insekten passen

Cheliceren
... sind die Kieferklauen der Spinnentiere. Sie wurden aus Beinpaaren zu Mundwerkzeugen entwickelt. Bei Spinnen bestehen sie aus zwei Segmenten verbunden mit einem Gelenk. Sie sind hohl und injizieren Spinnengift in die Beute, um sie dann auszusaugen.

ZEUGEN

- Eine Zeugenbefragung in der Netznachbarschaft ergab die Sichtung einer verdächtigen Kreatur mit einer gelb-schwarzen Warnweste.
- Außerdem soll die Verdächtige ein sehr langes Gesicht gehabt haben.
- Eine etwas kurzsichtige Zeugin meinte sogar, schemenhaft einen Skorpionschwanz wahrgenommen zu haben.

VERDÄCHTIGE

Faktencheck

Ein Konkurrent konnte wegen der spinnenuntypischen Gebissabdrücke schnell ausgeschlossen werden. Auch Werkzeuggebrauch wurde rasch als zu abwegig abgetan, denn dazu sind Spinnen nicht in der Lage. Aufgrund der Phantomzeichnung wurden Wespen von der Fahndungsliste gestrichen – ihr Gesicht ist nicht ganz so lang und ihr Hinterleib spitz. Außerdem stellen sie sich notorisch ungeschickt in Spinnennetzen an und lassen sich rasch einwickeln. Die Bernsteinschabe hat zwar ein langes Gesicht, aber ihre Grundfarbe ist braun und sie ernährt sich lieber vegetarisch.

Wespe
Vespula spec.

Da sie in Staaten leben, denkt man bei Wespen gleich an organisierte Kriminalität, auch die Farbe würde zum Phantombild passen. Das Motiv ist klar: Für die Larven benötigen sie Proteine in Form von Fliegen oder anderen Insekten. In Spinnennetzen bedienen sie sich aber eher nicht, da sie dort auch schnell selbst als Beute enden.

Wespenspinne
Argiope bruennichi

Diese korpulente Spinne wirkt so wohlgenährt, dass sie des Mundraubs fähig sein könnte. Ihr Tigermuster entspricht der Täterbeschreibung – doch fehlt der von Zeugen beschriebene Schwanz. Um ihren Kokon an Pflanzen zu befestigen, wandert das Weibchen zwar umher, doch raubt es keinen Proviant in fremden Netzen, sondern fängt viel lieber frische Heuschrecken.

Detaillierte Täterbeschreibung

Der Mundräuber liebt feuchte, nicht vollsonnige Habitate wie Wälder und Waldränder, kommt aber auch in Gärten vor, wenn diese Hecken, große Stauden und Gehölze aufweisen. Die Weibchen legen ihre Eier am Boden ab, wo die raupenähnlichen Larven sich von toten oder angeschlagenen Insekten ernähren. Die erwachsenen Tiere ernähren sich gern von Nektar und Pollen, behalten ansonsten aber das Beutespektrum ihrer Jugend bei.

Gefleckter Schmalbock
Rutpela maculata

Dieser wespenähnliche Bockkäfer verrät sich durch die abwechselnd schwarz-gelb geringelten Beine und Fühler. Er braucht also ein wasserdichtes Alibi, wenn er auf Fahndungsfotos auftaucht, doch als Vegetarier, der lieber Pollen aus Blüten nascht, ist er unverdächtig und meidet Spinnennetze aus Eigenschutz wie der Teufel das Weihwasser.

Skorpionsfliege
Panorpa spec.

Diese Verdächtige ist dem Phantombild wie aus ihrem auffällig langen Gesicht geschnitten, denn Skorpionsfliegen werden auch Schnabelfliegen genannt wegen ihrer verlängerten Mundwerkzeuge. Dazu passt die gelb-schwarze Zeichnung. Der Verdacht erhärtet sich weiter bei Betrachtung des Schwanzes, der einem Skorpion gerecht wird. Damit ist sie die Hauptverdächtige.

TÄTER

Fahndung

Schnell war die in Spinnenkreisen notorisch gefürchtete Skorpionsfliege als Täterin zur Fahndung ausgeschrieben, die schon in vielen anderen Raubdelikten an Spinnennetzen auffällig geworden war. Da die Verdächtige aber fliegen kann, war sie längst vom Tatort verschwunden und konnte nicht mehr gestellt werden.

Gemeine Skorpionsfliege (*Panorpa communis*)

zwei transparente Flügelpaare mit Muster aus schwarzen Flecken

Männchen mit Kopulationsapparat am Hinterende, der frappierend dem Giftstachel eines Skorpions ähnelt, aber für uns völlig ungefährlich ist; die weiblichen Skorpionsfliegen zeigen ein spitzes Hinterleibsende

verlängerte Mundwerkzeuge, die zu einem Schnabel verwachsen sind

fliegen bei Störungen schnell auf, sind aber keine ausdauernden Flieger

MOTIV

Kleptoparasitismus

Die Täter suchen Spinnennetze auf, um die darin verfangene Beute zu verspeisen, was nicht ganz ungefährlich ist, doch bewegen sie sich meist selbstbewusst und unbehelligt in Spinnennetzen. Wie sie sich so virtuos in den klebrigen Fallen bewegen können, ohne sich darin zu verheddern, ist noch ein Rätsel.

Die Opfer: Die Netze von Baldachin-, Strecker-, Kugel- und Echten Radnetzspinnen werden routinemäßig ausgeraubt und kleinere Spinnen manchmal sogar selbst erbeutet. Zur Not geben sie sich auch mit Resten toter Insekten zufrieden, zum Beispiel mit Abfällen unter oder an Spinnennetzen.

Brautgeschenk: Die Beute nutzt das Männchen gern als Brautgeschenk, um die Angebetete zu beeindrucken, die Gaben hoher Qualität bevorzugt, denn das erhöht ihre Fruchtbarkeit. Männchen mit einem guten Angebot haben daher mehr Chancen als Schwächlinge oder Geizkragen. Nicht selten kämpfen mehrere Tiere – dabei heftig mit den gemusterten Flügeln wedelnd – um die Beute im Spinnennetz oder paaren sich sogar ungeniert dort, während die Spinne zuschauen muss, wie der Kavalier der Dame seines Herzens ganz spendabel ihre rechtmäßige Beute anbietet.

Bedrohung mit Waffengewalt: Sollte ihnen die Spinne bei ihren Raubzügen doch zu nahe kommen, wird sie mit dem Hinterleibsende in Schach gehalten. Nur mit Wespenspinnen ist nicht zu spaßen, sie schnappen sich schnell mal eine dreiste Skorpionsfliege.

Das Skorpionsfliegenmännchen hat eine Schwebfliege aus einem Spinnennetz gestohlen.

Der Skorpionschwanz: So martialisch der Schwanz des Männchens auch aussieht, dient es doch hauptsächlich dazu, das Hinterleibsende des Weibchens bei der Paarung festzuhalten und Spermien zu übertragen.

BEIHILFE ZUR TAT

Die Diebe bei ihren Raubzügen zu unterstützen, lohnt sich, denn sie fangen auch so manches für uns lästige Insekt. Helfen kann man ihnen mit Hecken und hohen Stauden, denn solche luftfeuchten Ecken im Garten lieben sie. Eine Laubstreu in den Beeten nützt den Larven – und Toleranz gegenüber Spinnen inklusive Förderung ihrer Beute mit vielen heimischen Pflanzen.

9. FALL

Für die Gartenvögel sollte es nur das beste, kalorienreichste Futter geben. Doch jeden Morgen war es ratzeputz weggefuttert!

Ich hatte nicht nur die Spendierhosen an, sondern sogar ein passendes kleines Holz-Häuschen besorgt, in das ein Glas ungesalzene Erdnussbutter mit Insekteneinlage waagerecht hineinpasste. Diese Imbissbude montierte ich an den Säulenapfel. Nachts hatte sie geschlossen, denn abends schraubte ich den Deckel wieder zu, um Nager fernzuhalten. Doch eines Morgens lag das Glas auf dem Boden – aufgeschraubt und leer gefressen. Und dann verschwand auch noch das Körnerfutter …

Nächtliche
Heißhunger-Attacken

TATORT

Garten mit Vollpension für Singvögel. Das aufgehängte Körnerfutter in der Futtersäule verschwindet über Nacht immer spurlos, weswegen es vorsorglich an einer langen, dünnen Spur in 2 m Höhe zwischen Rosenbogen und Hausfassade aufgehängt war. Trotzdem wurde der Futterspender irgendwann über Nacht geplündert. Später war die Erdnussbutter aus dem fest zugeschraubten Glas entwendet worden. Welcher Panzerknacker mit der Geschicklichkeit eines Seiltänzers hatte diesen Tresor plündern können?

INDIZIEN

- eine leere Vogelfuttersäule, abends noch gut mit Sonnenblumenkernen gefüllt, morgens leer
- ein dünnes Seil in großer Höhe hält den Dieb nicht davon ab, den Futterspender zu plündern
- der Täter kann Schraubdeckelgläser öffnen, denn das Glas Erdnussbutter ist vollständig geleert worden, inklusive der Insekten darin
- statt am Baum aufgehängt zu sein, liegt das Glas am Boden
- die Tat muss nachts begangen worden sein

Die fette Beute fehlt
Das Glas Erdnussbutter liegt aufgeschraubt und leer am Boden.

ZEUGEN

- Die Zeugenbefragung gestaltete sich aufgrund der Tatzeit als schwierig. Ein Anwohner hörte in der Nacht verdächtige Klappergeräusche.
- Ein Bewegungsmelder hatte in einem Vorgarten ausgelöst und dort wurde kurz ein Schatten eines flüchtenden Pelztiers sichtbar, es war aber nur schemenhaft zu sehen.
- In einem Blumenbeet wurden etwa 8 cm lange Pfotenabdrücke entdeckt mit langen Zehen.
- Ein Nachbar hatte tags zuvor ein Eichhörnchen im Säulenapfel turnen sehen, wo die Erdnussbutter befestigt war.

VERDÄCHTIGE

Faktencheck

Ein auf Mundraub spezialisierter Profiler hat nach eingehender Prüfung der Zeugenaussagen und Indizien ein Täterprofil erstellt: Der Dieb muss nachtaktiv sein und trägt Pelz, außerdem hat er ein Faible für kalorienreiche Nervennahrung in Form von Körnern und fetter Erdnussbutter. Der Fallanalytiker ist sich sicher, dass es kein reiner Fleischfresser sein kann, weshalb Nachbars dicker Kater nicht nur körperlich aus dem Raster fällt, denn: Gesucht wird ein agiles, schwindelfreies, allesfressendes Pelztier mit geschickten Pfoten.

Steinmarder
Martes foina

Diese kleine Hupfdohle ist nicht nur ein berüchtigter Autoknacker, sondern auch ein Allesfresser mit gutem Näschen, und so ist es ihm durchaus zuzutrauen, Erdnussbutter mit Freuden zu verspachteln. Er klettert zwar nicht gern hoch auf Bäume wie sein Verwandter, der seltene Baummarder, aber der schmächtige Säulenapfel ist machbar, außerdem ist er nachtaktiv.

Waschbär
Procyon lotor

Sieht er mit seiner Räubermaske nicht schon aus wie ein vorbestrafter Dieb? Das pummelige Pelztier kann für seine Leibesfülle erstaunlich gut klettern, aber nicht springen. Da das Seil für das Vogelfutter mit einem Ende am Rosenbogen befestigt war, hätte er quasi eine Leiter gehabt. Ein Säulenapfel sollte auch kein Hindernis sein. Nachtaktiv ist der Kleinbär ebenfalls.

Detaillierte Täterbeschreibung

Als Allesfresser bevorzugt der clevere Täter von Hause aus Misch- und Laubwälder mit Gewässern, doch inzwischen ist er in vielen Städten eine regelrechte Landplage geworden, vor allem in seiner heimlichen Hauptstadt Kassel. Das dämmerungs- und nachtaktive Tier ist schwer auf frischer Tat zu ertappen, meist sieht man am Morgen nur noch die Spuren seiner nächtlichen Umtriebe. Verwaiste Jungen oder sehr selbstbewusste Tiere werden aber auch schon mal am helllichten Tag gesehen.

Eichhörnchen
Sciurus vulgaris

Beim Klettern und Hangeln macht dem Eichkater so schnell keiner was vor. Seine Vorliebe für Körnerfutter lässt ihn zusätzlich verdächtig erscheinen. Er wurde auch schon dabei beobachtet, wie er ganze Erdnüsse geknabbert hat, und auch Erdnussbutter als Convenience-Food lässt er sich nicht entgehen. Nur hat er wohl ein wasserdichtes Alibi: Eichhörnchen sind tagaktiv.

Wanderratte
Rattus norvegicus

Sie sind keinesfalls das Nagetier der Herzen. Als große Opportunisten gehören sie bei Vogelfutter immer zu den ersten Kunden unter den Säugetieren und klettern überraschend gut. Bei der Tatzeit sind sie der Joker, denn sie können tag- und nachtaktiv sein – aber sie sind bei aller Bauernschläue nicht in der Lage, mit ihren kleinen Pfoten Gläser aufzuschrauben.

TÄTER

Fahndung

Da die Pfotenabdrücke im Gartenboden nicht zweifelsfrei dem Täter zugeordnet werden konnten, wurde für den Vogelfutterspender eine nächtliche Kameraüberwachung angeordnet. So hatten die Ermittler schon am nächsten Tag einen Fahndungserfolg: Wie ein korpulenter Spiderman hangelte sich der Waschbär mit dem Bauch nach oben am Seil entlang, nachdem er zunächst den Rosenbogen erklommen hatte. Ihm auch die Erdnussbutter in die Schuhe zu schieben, war dann reine Formsache, denn nur seine Pfötchen wurden als geschickt genug für so einen Coup erachtet.

Waschbär (*Procyon lotor*)

MOTIV

Nächtliches Naschen

Er ist eine regelrechte Intelligenzbestie mit dem Gedächtnis eines Elefanten: Waschbären können sich noch Jahre später daran erinnern, wie man ein Glas Erdnussbutter aufschraubt. Und dass er das kann, hat auch mit seinen Patschepfoten zu tun, die sehr gut greifen können. Vermutlich hat er das Glas mit den Hinterbeinen eingeklemmt und mit den Vorderpfoten den Deckel abgedreht, um an die Delikatesse aus seiner amerikanischen Heimat zu kommen.

Übeltäter aus Übersee: Der Waschbär räumt genauso routinemäßig Vogelnester wie Mülltonnen aus und klettert mit Leichtigkeit an Fallrohren aufs Dach, wo er versucht, sich illegal Zutritt zu verschaffen (der Tatbestand des Einbruchs kommt bei ihm noch dazu), um es sich als Hausbesetzer bequem zu machen. Er plündert auch Obstbäume leer. Besonders auf Kirschen ist der kleinkriminelle Kleinbär ganz versessen.

Erfolgreiche Eroberung Europas: Wenn sie keinen Dachboden beziehen können, nehmen sie Baumhöhlen. Das Weibchen bringt einmal im Jahr um die drei Junge zur Welt. Das klingt nicht viel, aber es hat gereicht, um den Wonneproppen bei uns zu etablieren. Loswerden können wir den tapsigen Täter wohl nicht mehr.

Einbruch in die Gartenlaube: Das Blech hat der Waschbär kurzerhand hochgeklappt.

PRÄVENTION

Die Tiere sehen knuddelig aus, richten aber gehörigen Schaden vor allem in der Vogelwelt an, nicht nur beim Mundraub. Sie können Meisenkästen aufhebeln und Jungvögel durch das Einflugloch hindurchziehen. Meisenkästen muss man mit einem langen Vorbau schützen, damit er nicht hineingreifen und die Babys hinausziehen kann. Oder man legt den Bäumen rutschige Kunststoffmanschetten an. Beides sieht nicht gerade romantisch aus. Offene Nester sind erst recht kein Hindernis. Zugänge zum Dach sollten beseitigt werden, damit er sich nicht häuslich einrichten kann. Das Vogelfutter muss nachts reingeholt werden, um den Räuber nicht unnötig zu mästen.

10. FALL

Pfusch am Bau? Materialermüdung? Minderwertige Ware? Nein, da hatte jemand einfach den halben Lehmpfropf von ihrem Meisterwerk entfernt …

Die Rostrote Mauerbiene war immer noch stolz auf ihr Werk – eine ganze Röhre im Bienenhotel hatte sie geschafft und einen ganz fabelhaften Nestverschluss aus Lehm als krönenden Abschluss aufgespachtelt. Ein paar Tage später nahm sie sich die Röhre nebenan vor. Doch was war denn mit der letzten Kreation passiert?

Klau
am Bau

TATORT

Bienenhotel im Garten. Die Nestverschlüsse, die die Mauerbienen besonders dick aufgetragen haben, um die Meisen abzuhalten, sind nicht mehr konvex, sondern konkav. Noch weniger und man könnte hindurchschauen. Das grenzt an Sabotage, denn nun haben Vogelschnäbel leichtes Spiel.

INDIZIEN

- die voluminöse Lehmwand, die das bestohlene Bohrloch verschließt, hat gehörig an Volumen eingebüßt
- in der Mitte fehlt am meisten, während der Rand noch fast die Originaldicke aufweist
- gerade fertig gestellte Nistgänge unterscheiden sich eklatant von dem vor ein paar Tagen abgeschlossenen Bau
- man sieht deutliche Kratzspuren am Lehm
- das Baumaterial ist nicht völlig durchgetrocknet, so wie es sein müsste, sondern ein wenig feucht

Sachbeschädigung!
Der Eingang zur obersten Niströhre wurde hier von außen angekratzt.

ZEUGEN

- Andere Mauerbienen berichteten von einem pechschwarzen geflügelten Insekt, das sich Lehm mitgenommen hat.
- Der oder die Verdächtige soll extrem schlank gewesen sein.
- Der Raub wurde am helllichten Tag beobachtet, es ist daher von einem sehr dreisten Täter auszugehen.
- Eine weitere Biene, die es zum Tatzeitpunkt allerdings gerade sehr eilig hatte, meinte eher eine Spinne gesehen zu haben, auf jeden Fall ein sehr schlaksiges Tier.
- Die Zeugen widersprachen sich bezüglich der Anzahl der Beine, das schnell angefertigte Phantombild zeigte nur einen schwarzen Körper auf beliebig vielen elend langen Stelzen.
- Eine aufgebrachte Mauerbiene beschuldigte sogar ihre Nachbarin.

VERDÄCHTIGE

Faktencheck

Gesucht wird eine schlanke, schwarze, hochbeinige Gestalt. Eine Mauerbiene, die sich bei ihrer Nachbarin bedient, ist daher von der Fahndungsliste zu streichen. Eine vollschlanke Wolfsspinne könnte infrage kommen, doch sie hat ihr Baumaterial immer dabei und braucht keinen Lehm. Aber das Stichwort Spinne könnte uns auf die richtige Spur führen: Am Bienenhotel lungern oft seltsame Wespen herum, die Spinnen tragen. Die Spurensicherung hat Abdrücke der Kratzspuren auf dem Lehm angefertigt, um Rückschlüsse auf die Größe der Mundwerkzeuge zu ziehen.

Rostrote Mauerbiene
Osmia bicornis

Die Zwischenwände der Zellen, in die Pollen und ein Ei deponiert werden, bauen sie aus Lehm oder feuchter Erde. Die kann in einem trockenen Frühjahr schon mal knapp sein. Doch eine Mauerbiene würde einer anderen keinen Baustoff stibitzen, das bestätigte auch die Geschädigte, denn so etwas Unkollegiales ist ihr in den vielen Tagen ihres Lebens noch nie untergekommen.

Wolfsspinne
Pardosa spec.

Sie sind gute Läufer und jagen ohne Netz und doppelten Boden quasi im Vorbeigehen. Die Männchen können bei der Balz richtig aufdrehen und sich so aufrichten, dass sie größer und langbeinig erscheinen. Doch sind diese Spinnen äußerst bodenständig und klettern wenig. Eine Mauerbiene am Boden würden sie nicht verschmähen, aber was sollten sie mit Lehm anfangen?

Detaillierte Täterbeschreibung

Die Täterin liebt die Nähe des Menschen, weil sie dort besonders viele Nischen und Hohlräume für ihre Nester findet, die sie aus Lehm anfertigt. Da es dort oft auch eine Insektennisthilfe gibt, muss sie keine Umwege fliegen, um an Lehm zu kommen, sie bedient sich einfach an den Lehmpfropfen der Mauerbienen, die ohnehin als Abschluss immer besonders dick auftragen. Wo es genug Spinnen, ihre Beute, gibt, ist sie nicht weit.

Töpfergrabwespe
Trypoxylon figulus

Diese schmächtige schwarze Wespe baut ihre Zellen gern im Bienenhotel und zwar ebenfalls mit Lehm, könnte es da zu Begehrlichkeiten beim Nestverschluss der dicken Nachbarinnen kommen? Noch dazu fängt sie Spinnen, was die Zeugenaussagen untermauert. Doch die Spusi winkt ab: Das Tier ist viel zu klein für die Kratzspuren am Tatort und auch zu kurzbeinig.

Tönnchenwegwespe
Auplopus carbonarius

Eine Verdächtige wie aus dem Phantombilderbuch! Beine bis zum Hals, schwarz und flugfähig. Lehm braucht sie für ihre Bauten ebenfalls, und zwar nicht zu knapp. Die Forensik bestätigt, dass die Spuren am angekratzten Tatort genau zur Größe ihrer Mandibeln passen. Bei einer Gegenüberstellung identifizieren die Bienen die Täterin einstimmig.

TÄTER

Fahndung

Durch gezielte Observation am Tatort konnte die Tönnchenwegwespe gefasst werden. Sie wurde als notorische Wiederholungstäterin entlarvt. Sobald es warm genug war für sie (die Mauerbienen tragen Pelz, die Wespe nicht), trug sie gezielt Lehm von den Nestverschlüssen ab und nahm ihn als kleines Paket in den Mandibeln mit. Und nicht nur das war raffiniert: Vorher flog sie zur Insektentränke und holte einen Tropfen Wasser, um den schon festen Lehm wieder aufzuweichen.

Tönnchenwegwespe (*Auplopus carbonarius*)

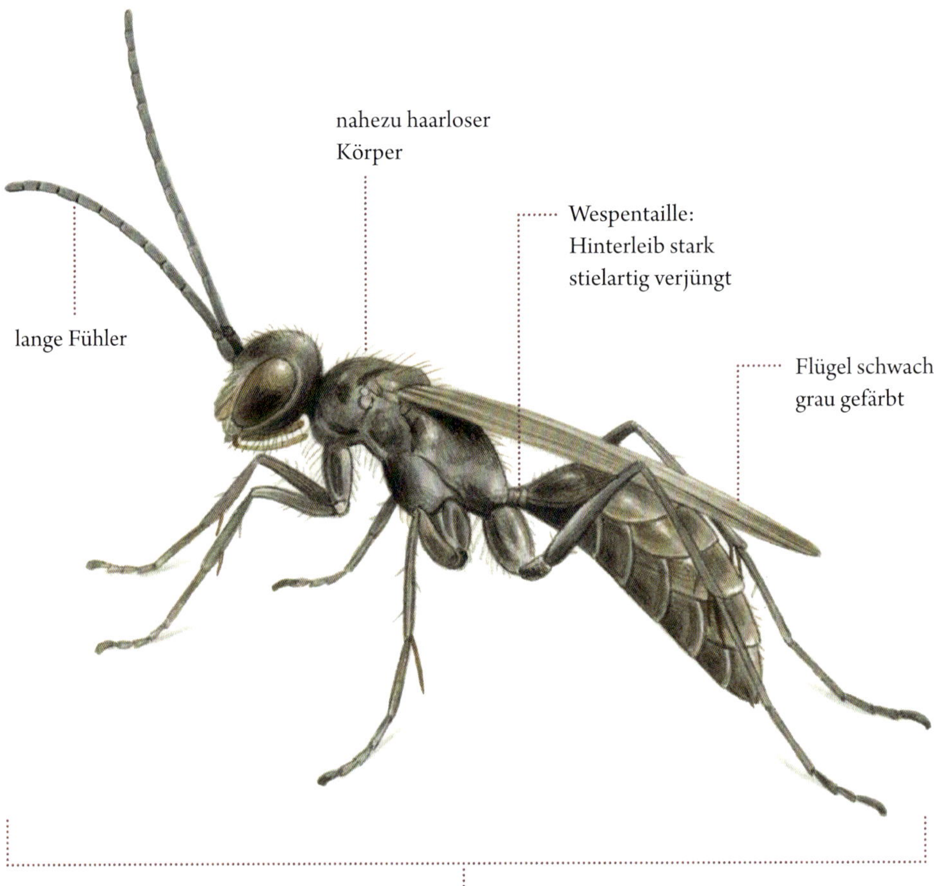

MOTIV

Beschaffung von Baumaterial

Die Täterin (es sind ausschließlich Weibchen, denn die Männchen scheren sich wie bei Hautflüglern üblich nicht ums Brutgeschäft) braucht sehr viel feuchten Lehm, da sie daraus kleine Tönnchen bastelt. Sie fertigt sie in einem beliebigen Hohlraum an (unter Brettern, zwischen Stofffalten vom Sonnenschirm etc.) und bezieht dessen Wände nicht mit ein, sondern baut immer rundherum geschlossene Kapseln. Daher ist sie ständig auf der Suche nach feuchter Erde.

Die Tönnchenwegwespe ist nicht zufällig hier: Sie trägt Lehm ab.

Die Opfer: Die Nester der Gehörnten und Rostroten Mauerbiene sind beliebte Ziele, da hier auf einen Schlag viel Diebesgut zu holen ist. Dennoch übertreiben es die Wespen selten und nagen meistens kein Loch in den Lehmpfropf.

Intelligenzbestie: Die Täterin ist furchtbar schlau. Sie weiß nicht nur, dass der Diebstahl leichter fällt, wenn man vorher Wasser aus der Insektentränke mitbringt, um den schon hartgebackenen Nestverschluss wieder nachgiebig zu machen, sondern sie kann sich all ihre Ausflugsziele – Bienenhotel, Wasserstelle, eigener Nistplatz – auch merken.

Noch mehr Opfer: Die Wespe könnte eine ganze Krimiserie füllen, denn die Tönnchen müssen nicht nur gebaut, sondern auch mit wehrlosen Opfern gefüllt werden. Dazu fängt sie vor allem Sackspinnen, die oft größer und schwerer sind als sie selbst. Sie betäubt sie mit einem Stich und beißt ihnen mehr oder weniger alle Beine ab, um sie besser transportieren zu können. Die Spinne wird an den Spinnwarzen gepackt, fliegend oder laufend zum Nest geschleppt und in das Tönnchen gestopft. Nachdem genug Spinnen eingetragen wurden, wird ein Ei abgelegt und der Sarkophag verschlossen. Die Wespenlarve frisst dann die Spinnen auf und verpuppt sich im Tönnchen.

BEIHILFE ZUR TAT

Die Wespen brauchen einen artenreichen Garten mit vielen Stauden und Totholzstrukturen, wo sich die Spinnenbeute finden lässt. Dazu noch genug Nischen und Toleranz für ihr Treiben und man kann sie leicht beobachten.

11. FALL

Da hat wohl jemand einen Clown gefrühstückt und es wie einen Unfall aussehen lassen – oder wie ist diese Tat zu erklären?

Wer hat sich denn hier einen Scherz erlaubt? Ist schon wieder Red-Nose-Day? Am Rosenbogen liegen jedenfalls winzige Clownsnasen herum, rot und genau passend für einen winzigen Scherzkeks. Wenn jemand die Früchte vor lauter Eifer bei der Nahrungssuche oder beim Klettern herunterreißen würde, könnte man das ja noch verstehen, aber die Beeren sind hohl, sämtliche Samenkörner fehlen.

IRRWITZIGER
Samenraub

TATORT

Rosenbogen an der Terrasse im Hochsommer, an dem sich eng umschlungen ein Wald-Geißblatt (*Lonicera periclymenum*) und eine weibliche Rotfrüchtige Zaunrübe (*Bryonia dioica*) emporranken. Beide blühen üppig, während gleichzeitig die knallroten Früchte reifen. Soweit, so normal. Das Merkwürdige: Die Terrasse ist übersät mit roten Beeren. Bei näherer Betrachtung erweisen sich die kleinen Scherzartikel aber als hohl und wurden mit chirurgischer Präzision all ihrer Samen beraubt. Andere Früchte sind wie nach einem Massaker zerquetscht und enthalten auch keine Samen mehr. Die Pflanzen wurden bestohlen und die Terrasse sieht aus, als wäre ein Zirkus explodiert!

INDIZIEN

- ganze Beeren liegen am Boden und enthalten keine Samen mehr
- sie wirken auf den ersten Blick unversehrt, sind aber hohl – dort, wo der Stielansatz war, klafft ein Loch und die Samen fehlen
- noch am Strauch hängende Früchte sind intakt und enthalten Saat
- weder das Geißblatt noch die Zaunrübe weisen ansonsten Schäden auf
- die hohlen Früchte sind matt, nicht glänzend wie beim Geißblatt, daher müssen sie der Zaunrübe gehören
- einige glänzende Geißblattbeeren liegen auch am Boden oder kleben an den Ästen, sind aber zerquetscht und ebenfalls samenlos

Tatort Rosenbogen
In trauter Zweisamkeit wachsen hier Zaunrübe und Wald-Geißblatt – und beide werden gemeinsam zum Opfer.

ZEUGEN

- Aufmerksame Zeugen berichteten von verdächtigen Geräuschen aus dem Rosenbogen, was wie ein triumphales Piepsen klang.
- Es wurden unscheinbare Vögel mit schwarzer Kappe gesehen, wie sie durch die Ranken hüpften.
- Sie sollen auch mit Beeren im Schnabel gesichtet worden sein – einmal sogar mit Beere wie eine Clownsnase vorm Gesicht.
- Aus dem Geäst erklang wiederholt ein freches „Pistjä!".
- Nachbarn meldeten Weinbeeren und Kirschen, die matschig und ungenießbar an den Pflanzen hingen.

VERDÄCHTIGE

Faktencheck

Es gibt einige Verdächtige, die sich an den Früchten gütlich tun. Bei den Insekten passen aber die Tischmanieren nicht zum beobachteten Massaker mit den heruntergefallenen Früchten, bei denen die Samen fehlen, oder aber sie sind wirtsspezifisch und befallen nicht gleichzeitig Zaunrübe und Geißblatt. Damit hätten die ganz Kleinen mit den vielen Beinen wohl ein Alibi, oder? Die Fahndung sollte sich daher eher auf die Zweibeiner, die schrägen Vögel mit der schwarzen Kopfkappe, konzentrieren.

Kirschessigfliege
Drosophila suzukii

Als eingeschleppter Schädling aus Asien ist sie natürlich Staatsfeind Nummer eins und tatsächlich hat sie eine Vorliebe für rote Früchte, während gelbe nicht so ihr Ding sind. Sie legt Eier an Kirschen, aber auch an Geißblattbeeren, wo sich die Larven in den Früchten satt fressen, die sie aber als Mus und Matsche am Strauch belassen und nicht hinunterwerfen.

Einbindiger Traubenwickler
Eupoecilia ambiguella

Der kleine Falter mit der schwarzen Flügelbinde ist im Weinbau nicht beliebt und befällt eine elendlange Liste von Früchten. Die Larven der zweiten Generation entwickeln sich in den Beeren und hinterlassen beim Schlupf eine Puppenhülle an der Frucht. Dies konnte hier nicht beobachtet werden. Der Falter befällt außerdem zwar Geißblatt, aber keine Zaunrübe.

Detaillierte Täterbeschreibung

Der Dieb lebt in Parks, Laub- oder Mischwäldern mit viel Unterwuchs und Totholz, wo er Astlöcher oder Spechthöhlen bewohnt. Beim Innenausbau legt der Täter aber auch selbst Hand an, indem er morsches Holz bearbeitet. Ein Fertighaus in Form einer Nisthilfe nimmt er nur aus der Not heraus an. Er erscheint auch in Gärten, wenn sie groß genug sind und einen Gehölzbestand aufweisen, oder wenn der Garten an einen Park grenzt. Vogelfutter mit Sonnenblumenkernen nimmt er gern an.

Sumpfmeise
Poecile palustris

Diese Meise kommt eher tarnfarbig daher und hat die schwarze Kopfkappe aus der Zeugenbeschreibung. Sie ist von allen Meisenarten am meisten an Samen interessiert und macht sich damit verdächtig. Sie wurde mehrfach beobachtet, wie sie Früchte pflückt. Auch hat sie einen kurzen Schnabel, mit roter Beere im selbigen würde sie wie ein kleiner Clown aussehen.

Mönchsgrasmücke
Sylvia atricapilla

Eigentlich eingefleischte Insektenfresser, lassen sich diese Vögel einen Obsttag nicht entgehen. Von Sommer bis ins Frühjahr, wenn die Efeufrüchte reifen, ernähren sie sich fast nur von Beeren. Zeugen beobachteten Vögel mit schwarzer Kopfkappe: Auf das Mönchsgrasmückenmännchen passt das Täterprofil, wenn auch nicht auf den Rest der Familie mit braunem Käppi.

TÄTER

Fahndung

Zwei Verdächtige mit schwarzer Kapuze und beide haben die fraglichen Beeren gepflückt – der eine schlank, der andere rundlicher, aber sehr ähnlich gefärbt. Das Tatwerkzeug besitzen beide: einen spitzen Schnabel. Keiner der Verdächtigen hat ein Alibi. Wer war es? Sumpfmeise oder Mönchsgrasmücke? Da hilft nur, den Tatort ganz genau zu observieren. Es zeigt sich: Die Grasmücke schluckt die Beeren im Ganzen herunter, die Sumpfmeise zerpflückt sie und will nur die Samen. Der Fall ist dank einiger unbezahlter Überstunden mit dem Fernglas im Liegestuhl gelöst!

Sumpfmeise (*Poecile palustris*)

MOTIV

Samenraub für's Hüftgold

Liebe geht durch den Magen: Wenn eine Pflanze kleine, rote, schnabelgerechte Früchte anbietet, setzt sie auf Vögel, die die Beeren futtern und die Samen irgendwo ausscheiden, wo sie keimen. Als Belohnung gibt es das kohlenhydratreiche Fruchtfleisch. Die meisten Singvögel halten sich auch an Recht und Gesetz und arbeiten fleißig im Sinne der Pflanze mit.

Kriminelle Kalorien: Nur die Sumpfmeise mogelt: Sie präpariert die Samen geschickt heraus und lässt das Fruchtfleisch wie eine heiße Kartoffel fallen. Würde sie die Samen nun im Ganzen schlucken, hätte sie nichts davon, denn dann würden sie unverdaut hinten wieder rauskommen und die Pflanze wäre auch zufrieden. Da die Panzerknackermeise die Kerne aber aufpickt, um an die fettreichen Inhaltsstoffe zu kommen, handelt es sich um den Tatbestand des Samenraubs. Die Pflanze wird nach Strich und Faden ausgenutzt und betrogen. So macht es übrigens auch der Kernbeißer bei Kirschen. Für die Sumpfmeise wäre das aber eine Nummer zu groß.

Für schlechte Zeiten: Die Sumpfmeise hortet Samen in Rindenspalten, unter Flechten und Moosen. Dabei muss sie aufpassen, nicht selbst Opfer von Diebstahl zu werden. Besonders Mäuse freuen sich über die Vorratskammer. Sie frisst auch Insekten wie Raupen, Wanzen, Käfer und Blattläuse, aber von allen Meisenarten ist sie der Gourmet mit der größten Vorliebe für Knabbereien in Form von Samen. Am liebsten verputzt sie im Hochsommer die Saat des Gewöhnlichen Hohlzahns, der davon wenig begeistert ist, aber immerhin entschädigt wird, wenn die Meise die Raupen des Hohlzahnkapselspanners aus den Samenansätzen fischt.

BEIHILFE ZUR TAT

Sumpfmeisen kann man nicht mit Nistkästen locken, aber ein giftfreier Garten mit vielen Beerensträuchern und samentragenden Kräutern wie Hohlzahn machen sie immerhin satt. In einem morschen Baum nistet sie sich dann vielleicht in einer Asthöhle ein.

KRIMINELLE BANDEN: **WOLLSCHWEBER**

Er ist der häufigste und ein Frühaufsteher: Der **Große Wollschweber** (*Bombylius major*) mimt im Frühjahr das blütenbesuchende Plüschtier, das Weibchen sucht dann aber den Tatort Sandbienenkolonie auf, wo es seine Eier in die Gänge wirft. Zu den Pollenvorräten der Biene muss die Larve dann zu Fuß gehen.

Nicht ganz so plüschig: Der **Schwarze Wollschweber** (*Bombylella atra*) fliegt im Mai. Mit viel Fantasie erkennt man ein Gesicht aus weißen Punkten auf dem Hinterleib. Seine Wirte sind nicht bekannt – werde doch mal selbst zum Ermittler!

DIE FLIEGENDEN TEDDYBÄREN

Äußerst charmante Blütenbesucher, das sind die Fliegen aus dem gar nicht so weitläufigen Clan der Wollschweber. Mit ihrem geschickten Schwebeflug ähneln sie einer Schwebfliege, gehören aber nicht zu ihnen. Es gibt nicht so viele Arten, stattdessen handelt es sich um eine eingeschworene Gemeinschaft mehr oder weniger wolliger Tiere mit langem Rüssel. Mit diesem Strohhalm saugen sie Nektar aus Blüten mit langem Kelch. Neben den plüschigen Vertretern, von denen es definitiv Kuscheltiere geben müsste, sind auch weniger behaarte Exemplare wie der Trauerschweber oder die Hottentottenfliege dabei.

Der **Schwarzborsten-Wollschweber** (*Bombylius venosus*) ist seltener als der Große, aber vielleicht entgeht er auch nur öfter der Fahndung. Er wurde schon dabei gesehen, wie er in einer Kolonie der Frühlings-Seidenbiene herumlungerte, die seine Wirtsart sein könnte.

Der **Gefleckte Wollschweber** (*Bombylius discolor*) ist mit bis zu 16 mm Länge geradezu ein Riese. Er kegelt seine Eier in Sandbienennester, möglicherweise die der Weidensandbiene, wo als Indiz manchmal noch ruhende Fliegenpuppen von den Bienen ausgebuddelt werden.

Wolf im Schafspelz

Im Frühjahr kann man die Weibchen oft dabei beobachten, wie sie ihren Plüschpopo an Stellen mit lockerem Boden reiben. Sie wollen aber nicht staubsaugen, sondern ihren Hintern mit Sandkörnern bewaffnen. So beschwert lassen sich die Eier viel leichter in die Bienennester werfen. Die Larven der Wollschweber sind unverbesserliche Parasiten, die erst den Vorrat des Wirts und dann die Wirtslarve selbst auffressen. Über ihr Beuteschema ist bei vielen Arten aber kaum etwas bekannt, hier tappen die Fahnder immer noch im Dunklen.

12. FALL

Der Knotige Storchschnabel vermehrt sich zwar ein wenig zu gut, aber muss man gleich ein Massaker an den Samenständen anrichten?

Unter der Pflanze – auf den dunklen Terrassenbohlen ist der Schlamassel nicht zu übersehen – liegen abgerissene „Storchschnäbel“ herum, die fein säuberlich ihres dicken Endes mit den Samenansätzen entledigt wurden, die Hüllen liegen leer daneben. Andere Stauden wurden weniger subtil geköpft: Der Akelei fehlt jeder Samenstand. War das ein und derselbe Täter?

Schwindelfreie Feinschmecker:
Geköpfte Pflanzen

TATORT

Beet an der Terrasse im Juni. Unter dem Knotigen Storchschnabel liegen Essensreste herum in Form der Fruchtstände, die auf typische Art verstümmelt wurden – die Forensik wird ihre helle Freude daran haben. An der Akelei und noch weiteren Stauden fehlen ebenfalls die Samenstände.

INDIZIEN

- bei vielen Stauden, die in Fruchtreife gehen wollten, ragen nur noch nackte Stiele in den Himmel, die Samenansätze sind verschwunden, bei der Akelei fehlen zum Beispiel die charakteristischen Zipfelmützen oben am Stängel
- Schleimspuren sind nicht zu entdecken
- beim Storchschnabel fehlen die Fruchtstände, sie liegen verstümmelt unter der Pflanze und wurden auf charakteristische Art bearbeitet: die Frucht ist noch grün und unreif, der Schnabel selbst, der bei Fruchtreife aufspringt, ist intakt; das dicke Ende, wo sich die Samen in ihrem Katapult entwickeln, fehlt; die Samenhüllen und die Kelchblätter liegen noch daneben, der unreife Samen aber ist verschwunden

Die Spur des Täters
Nur der Schnabel des Storschnabel-Fruchtstands blieb ganz, die reifenden Samen wurden aus ihren Hüllen entfernt.

ZEUGEN

- Zeugen wollen kleine Pelztiere mit Knopfaugen in den fraglichen Beeten gesehen haben.
- Nacktschnecken als die üblichen Verdächtigen wurden ebenfalls gesichtet.
- Blaumeisen wurden dabei beobachtet, wie sie in den Akeleien herumgeklettert sind.
- Eine Zeugin versicherte glaubhaft, dass der Samenraub am helllichten Tage und nicht im Schutze der Dunkelheit erfolgt ist – sie hatte nämlich morgens die Terrasse gefegt und mittags lagen erneut entmannte Storchschnabelfrüchte unter der Pflanze.

VERDÄCHTIGE

Faktencheck

Der Täter muss ein sehr kleines Tier sein, dass sich ohne größere Flurschäden durch die Pflanzen bewegt, als Fliegengewicht die Samenstände entfernt und seziert, ohne die Stängel oder Blattstiele abzuknicken. Ratten oder Eichhörnchen können als Grobmotoriker ausgeschlossen werden. Auch muss der Täter eine Vorliebe für Samen besitzen, da die Blätter der Stauden unversehrt sind. Schnecken würden sich wegen des fehlenden Schleims schnell ausschließen lassen, und auch auf die Blaumeise passt das Täterprofil möglicherweise nicht: Kann sie komplette Samenstände räubern?

Spanische Wegschnecke

Arion vulgaris

Bei den Frühlingsblühern konzentrieren sich die Feinschmecker auf die Blütenblätter, sehr zum Unmut der Gärtnerin und der Bienen. Bei anderen Pflanzen wiederum lassen sie nur noch verschleimte Stummel stehen und machen sie regelrecht dem Erdboden gleich. Doch für die geschädigten Pflanzen haben sie ein Alibi: Die knabbern sie nur bei akuter Überbevölkerung an.

Waldmaus

Apodemus sylvaticus

Diese Mäuse mit den Micky-Maus-Ohren und den großen Augen sehen aus, als könnten sie kein Wässerchen trüben. Sie sind ausgezeichnete Kletterer und mit einem Gewicht um die 20 g nicht so korpulent, um einen Akeleistängel umzuknicken. Knospen, Früchte und Samen sind ihre Leibspeise. Noch verdächtiger macht sie ihr tag- und nachtaktiver Lebenswandel.

Detaillierte Täterbeschreibung

Die Täterin kommt in der Feldflur und in Parks und Gärten vor. Sie legt Erdbauten mit Vorratskammer an, die mehrere Tiere im Winter als Wohngemeinschaft nutzen. Da sie so gut klettern kann, bewohnt sie aber auch Nistkästen, Gartenschuppen und Dachböden, wenn sie eine Aufstiegshilfe hat. Meisenknödel und anderes Vogelfutter erreicht sie spielend. Reinigt man Meisenkästen im Herbst, kann man schon mal eine verschlafene Vertreterin überraschen.

Blaumeise

Cyanistes caeruleus

Sie sind klein, leicht und wendig, sodass sie sich behände an den dünnsten Staudenstängeln bewegen können, um Blattläuse oder Raupen abzusammeln. Blaumeisen wurden auch schon dabei erwischt, wie sie die Samen von Malven aus den Fruchtständen gepult und gefressen haben. Selektiver Samenraub wurde aber hier nicht beobachtet, es fehlen ganze Samenstände.

Rötelmaus

Myodes glareolus

Gebaut wie eine Wühlmaus mit kleinen Ohren und kurzem Schwanz, traut man diesem Nager nicht zu, dass er klettern kann, und er ist auch weniger athletisch als die Waldmaus, kraxelt aber doch auch an den Pflanzen herum. Rötelmäuse mit dem typischen rötlichen Fell fressen Samen, Keimlinge, Pilze, Blätter und fettreiche Früchte. Sie sind tag- oder nachtaktiv.

TÄTER

Fahndung

Wegen einiger Zahnabdrücke wurde die Fahndung auf Nager eingegrenzt, doch die Nagespuren an den Pflanzen waren zu ungenau, als dass sie einer bestimmten Maus hätten zugeordnet werden können. Eine Speichelprobe wollte trotz versprochener Strafmilderung weder die Rötel- noch die Waldmaus freiwillig abgeben. Deshalb musste doch wieder auf das bewährte Mittel der Gegenüberstellung zurückgegriffen werden. Präsentiert mit Fotos von Rötel- und Waldmaus waren sich die Zeugen einig, ein Tier mit großen Ohren und sehr langem Schwanz an den Pflanzen gesehen zu haben – eine Observation überführte die Waldmaus dann schließlich.

Waldmaus (*Apodemus sylvaticus*)

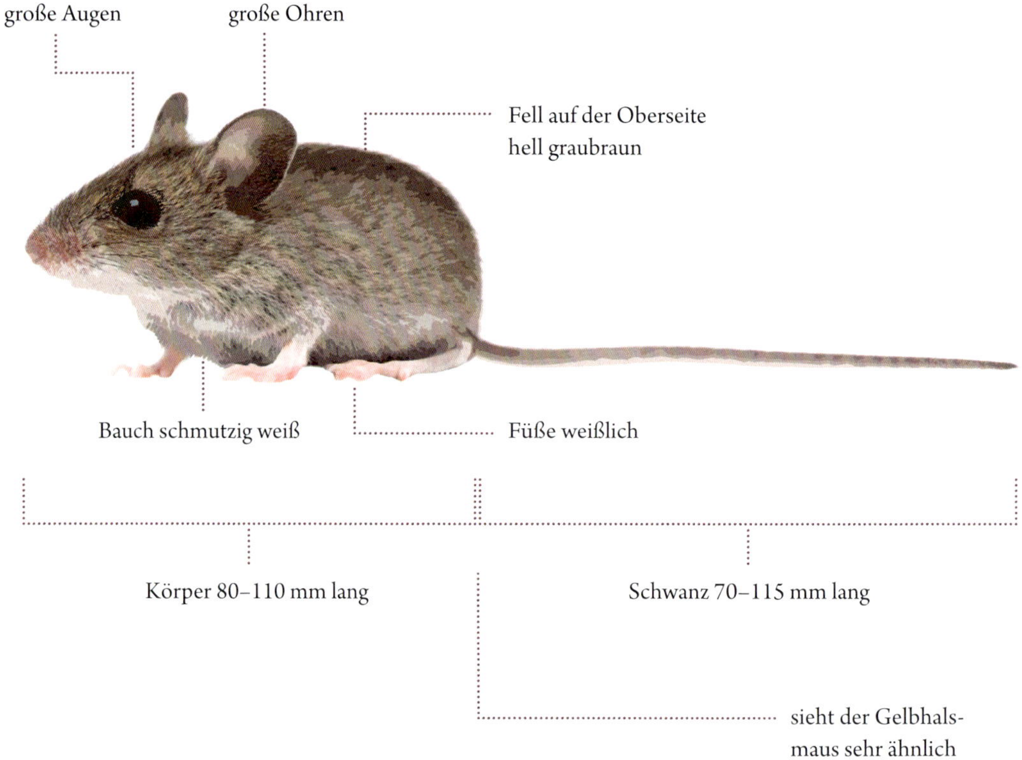

MOTIV

Nahrungssuche auf hohem Niveau

Die Waldmaus ist im Klettern olympiareif und kein Samenstand ist vor ihr sicher. Was sie mag, das holt sie sich und nimmt es mit in ihre Vorratskammer oder verspeist es wie die unreifen Samen vom Storchschnabel noch am Tatort. Da beißt die Maus keinen Faden ab, aber für die Ernte des gut gefüllten Samenstands wie bei Akelei und Wald-Ziest erklimmt sie die Pflanze und nimmt ihn komplett mit.

Samenproduktion für die Katz: Aus Sicht der Staude handelt es sich um den Straftatbestand des Samenraubs, denn bei unreifen Fruchtkapseln werden nicht mal Samen verstreut. *Geranium*-Fruchtstände scheinen eine besondere, knackige Delikatesse zu sein, die man sich auch bei Tage gönnt und beim Knabbern gar nicht mitbekommt, dass die Gärtnerin zuschaut, denn die Maus ist extrem kurzsichtig.

Nächtliches Naschen: Wer eine Wildkamera zur Überführung des niedlichen Nagers hat, wird sie auch nachts herumhuschen sehen. Lagert man im Frühjahr die abgeschnittenen Staudenstängel samt Samen noch im Garten, kann man daran ebenfalls Klettertouren beobachten. Die Maus macht sich durch das Verspeisen der Ahornsamen nützlich, denn von den Keimlingen möchte man nicht den ganzen Garten erobern lassen.

Gewöhnungsbedürftiger Geschmack: Waldmäuse futtern auch einige befremdliche Dinge. Das Verspeisen von Insekten ist in unseren Augen für einen Nager ungewöhnlich, aber ganz normal. Doch sie knabbern Schneckenkorn wie wir Popcorn, so bleibt es gegen die Schleimer natürlich wirkungslos – hoffentlich bekommt es den Mäusen.

Die junge Maus ist sichtlich angezogen vom knallblauen Schneckenkorn.

BEIHILFE ZUR TAT

Wird in der Umgebung Rattengift ausgelegt, vergiftet das auch die Mäuse (und dann ist der Mörder doch der Gärtner). Bei einem Befall mit Ratten ist es daher mäusefreundlicher, das Vogelfutter zu sichern oder nachts reinzuholen. Ansonsten freuen sich Waldmäuse über einen Garten mit heimischen Stauden, wo sie Insekten und Samen finden. Ins Haus oder in den Gartenschuppen sollte man sie aber nicht lassen.

MORD
& TOTSCHLAG

13. FALL

Ist die Karde ein kaltblütiger Killer? War es Mord, Totschlag, Suizid oder nur ein Unfall?

Das Rätsel eines Sommers: Kaum regnet es mal mehr als sonst, hat sich die Wilde Karde vollllaufen lassen. Ihre um den Stängel herum zu einem Trichter verwachsenen Blätter sind regelrechte Pools geworden und ich würde am liebsten mit einem winzigen Kescher die vielen ertrunkenen Insekten abfischen.

TRÄNKE
oder Todesfalle?

TATORT

Wilde Karde im Sommer. In den Blattachseln, die zu einer Wanne zusammengewachsen sind, haben sich durch den Regen Pfützen gebildet, die von schlauen Leuten Phytotelmata getauft wurden, weil jedes Gewässer einen Namen haben muss. Darin finden sich nun viele ertrunkene Insekten – Loch Ness in luftiger Höhe?

INDIZIEN

- tote Fliegen treiben auf der Wasseroberfläche
- im Wasser lebende Räuber wie Libellenlarven sind nicht zu sehen
- es wimmeln aber einige Zuckmückenlarven in der Pfütze
- die Pflanze ist äußerst vital und wohlgenährt
- der Stängel und die Blattunterseiten sind bis an die Zähne bewaffnet – die Pflanze hat offenbar etwas zu verbergen und verhält sich schon im Stand aggressiv

Leblos
… treibt die Wespe auf der Wasseroberfläche – lässt es der Täter wie einen Unfall aussehen?

ZEUGEN

- Zeugen wollen Libellen beobachtet haben, die über die Karde hinweg flogen.
- Es wurde von einer Kammschnake und einer Lehmwespe berichtet, die aus dem Wasserbecken tranken, aber ohne hineinzurutschen.
- Wiederholt wurden Ameisen gemeldet, die am Stängel hochliefen, aber an den Pfützen umkehrten.
- Kein Zeuge konnte glaubhaft bestätigen, dass die ertrunkenen Insekten vom Beckenrand geschubst oder ins Wasser geworfen wurden.

VERDÄCHTIGE

Faktencheck

Der Stängel ist so stachelig, dass ein von einer Libelle gejagtes Insekt dagegengestolpert und verletzt in die Pfütze gefallen sein könnte. Der Beckenrand der Phytotelmata ist glatt, sodass die Geschädigten auch durch Eigenverschulden ertrunken sind könnten, denn einen Bademeister gibt es nicht. Doch könnte hier somit auch der Tatbestand der vorsätzlichen Körperverletzung vorliegen – profitiert die Karde vielleicht sogar von den Opfern? Und wenn ja, welches Motiv, welchen Nutzen hätte sie?

Wilde Karde
Dipsacus fullonum

Die stattliche zweijährige Karde ist ein stachliges Ungetüm, das es locker mit einem Kaktus aufnehmen kann. Alles an ihr ist spitz und wehrhaft, vom Stängel über die Blattunterseiten bis zur Blüte. Wer so unnahbar daherkommt, dem ist doch wohl alles zuzutrauen, oder? Könnte diese Grande Dame der Gärten und Ruderalstandorte eher ein Enfant terrible sein und absichtlich Burggräben um ihren Stängel herum errichten, um nicht nur Feinde abzuwehren, sondern sich von den Opfern zu ernähren? Die Wilde Karde als skrupelloser Karnivor und eiskalter Killer? Ein Giftmord kann zumindest ausgeschlossen werden, was die quicklebendigen Zuckmückenlarven und die an den Pfützen trinkenden Gäste glaubhaft beweisen.

Detaillierte Täterbeschreibung

Der Täter liebt es feucht und stickstoffreich. Er ist eine echte Kratzbürste, doch der Stieglitz hat ihn zum Fressen gern. Er enthält Terpene, Saponine, Glucoside und Kaffeesäureverbindungen. Diese Wirkstoffe behält der alte Giftmischer aber für sich und sondert sie nicht in die Außenwelt ab.

Zuckmücken
Chironomidae

Diese Mücken sind friedliche Tiere, die den Menschen nicht stechen können, viel lieber lutschen sie Honigtau. Die Larven vieler Arten entwickeln sich in Gewässern und kleinsten Wasseransammlungen. Auch in den Kardenpfützen schlängeln einige wild zuckend herum. Könnten sie ihre Opfer wie ein kleiner Weißer Hai unter Wasser gezogen haben, um sie auszusaugen? Das kann ausgeschlossen werden, da sich die Larven von Algen und Schwebstoffen im Wasser ernähren.

Libelle
Diverse Arten

Libellen wurden wiederholt im Garten jagend beobachtet, sie schwebten auch mal über der Karde. Doch meist überraschen die gewitzten Jäger ihre Opfer, sodass diesen keine Zeit mehr zum Reagieren oder gar Abtauchen bleibt. Es kann zwar nicht ausgeschlossen werden, dass manche Beutetiere vor Schreck gegen den bewehrten Stängel geprallt und abgestürzt sind, doch ist das angesichts der Masse an ertrunkenen Insekten unwahrscheinlich.

TÄTER

Fahndung

Da keine anderen Verdächtigen zum Tatzeitpunkt anwesend waren – zumindest nicht bei allen Vorkommnissen ertrunkener Opfer – ist die Wilde Karde selbst dringend tatverdächtig. Nur herrscht hier Schweigen im Walde, denn die Pflanze gibt sich nicht nur äußerlich unnahbar, sondern schweigt auch beharrlich zu den Tatvorwürfen. Man wird sich also mit Indizienbeweisen zufriedengeben müssen.

Wilde Karde (*Dipsacus fullonum*)

MOTIV

Notwehr oder Nutznießer: Die karnivore Karde?

Schon lange wird darüber gerätselt, ob die Phytotelmata der Karde vielleicht doch mehr sind als sie scheinen. Ihre Verwandte, die Behaarte Karde, leistet sich jedenfalls keine zu Trichtern geformten Blattachseln.

Stachliger Regenmesser: Mit ihren stängelumfassenden Blättern fängt die Karde Niederschlag auf.

Burgfrieden durch Wassergraben: Unbestritten ist, dass die wassergefüllten Pools die Pflanze wirksam vor kriechenden Insekten schützen, zum Beispiel vor Ameisen. Diese sind dafür bekannt, Läusekolonien zu hätscheln und vor Feinden zu beschützen. Das missfällt der Pflanze, sie würde die Blattsauger lieber loswerden. Da die Stammmütter der Blattläuse fliegen können, finden sich auf den Kardenblättern Läusekolonien, aber ohne ihre Bodyguards, die Ameisen. Sie könnten die Pfützen nur mit dem Floß überwinden. Dieser Punkt geht klar an die Karde.

Pop-up-Biotop auf Zeit: Wasser bleibt in der Natur nie lange unbeachtet, und so finden sich rasch Badegäste ein, wie die Zuckmückenlarven, und für uns unsichtbar Myriaden an Kleinstlebewesen, wie Bakterien, Wimpertierchen, Nematoden und Bärtierchen. Auch als Insektentränke taugt die Karde – wenn die Tiere vorsichtig sind und nicht hineinrutschen, denn der Beckenrand ist glatt und abschüssig.

Flüssigdünger oder Kollateralschaden? Ist die Wilde Karde also ein Unschuldslamm oder profitiert sie von den toten Insekten? Darüber wurde viel geforscht, aber ohne Beweis. Es wurden merkwürdige Strukturen gefunden, die den Stickstoff aus dem Wasser aufnehmen könnten, den die Opfer liefern. Andererseits wächst die Pflanze ohnehin gern an stickstoffreichen Standorten, sie sollte daher keinen Dünger nötig haben. Fakt ist nur, dass die Karde die Insekten nicht schubst oder einfängt, im Zweifel also für die Angeklagte!

BEIHILFE ZUR TAT

Die Wilde Karde lässt sich leicht aus Samen ziehen. Sie mag sonnige Plätze und sät sich selbst aus, wenn der Rasen schütter und das Blumenbeet nicht allzu voll ist.

14. FALL

Auf Grashalmen und Staudenspitzen hocken leblose Fliegen mit einem grauen Belag, als wären sie überfroren – mitten im Sommer!

Es ist ein schauriges Bild: Der Hinterleib der Opfer ist seltsam aufgedunsen. Die Fliegen reagieren auch nicht, als es wärmer wird – sie sind eindeutig mausetot! Ich finde sogar ein Exemplar von weißem Pulver umgeben an der Fensterscheibe.

Mord und Nekrophilie
im Staudenbeet

TATORT

Grashalme und andere erhöhte Stellen wie Blüten oder Blätter der Stauden. Die Opfer ähneln Stubenfliegen, soweit man das bei ihrem entstellten Körper noch sagen kann, und klammern sich an den Pflanzen fest oder sind mit den Mundwerkzeugen festgeklebt.

INDIZIEN

- die Fliegen weisen einen aufgequollenen Hinterleib auf, zwischen den Segmenten zeigen sich breite watteähnliche, weißliche Bänder
- bei manchen Opfern wirkt der Körper wie verschimmelt
- gegen Mittag wird beobachtet, wie lebende Fliegen am Tatort erscheinen und sich mit den Leichen paaren wollen
- die Flügel sind merkwürdig abgespreizt, nicht fein säuberlich zusammengefaltet
- neben einigen Opfern ist ein weißliches Puder auf den Pflanzen zu sehen

Das Grauen im Morgengrauen
Wiederbelebungsversuche sind bei dieser Fliege wohl zwecklos.

ZEUGEN

- Laut Zeugenberichten sind die Geschädigten an den Pflanzen emporgeklettert, um dann an der Spitze zu verharren und sich festzuklammern.
- Die Fliegen waren träge und flogen nicht wie sonst auf, wenn sie belästigt wurden.
- Fremdverschulden bei dem letzten Gang der Fliegen wurde nicht beobachtet.
- Später verwandelte sich der Hinterleib und wurde immer dicker, bis die weißliche Substanz austrat.

VERDÄCHTIGE

Faktencheck

Der Täter tötet leise und alles wirkt wie ein Giftmord, da der Tod von innen heraus eintritt. Es ist keine einzelne Eintrittswunde zu sehen, stattdessen wachsen weißliche Wattebäusche aus dem Opfer – doch wie mit vorgehaltener Waffe sind die Geschädigten vorher scheinbar unter Fremdeinfluss stehend auf erhöhte Punkte geklettert. Es wird also ein wirklich winziger, aber manipulierender Täter gesucht, ein Psychopath etwa?

Schimmelpilze
Ascomyceten und Zygomyceten

Schimmel ist überall, die Luft voll mit Sporen. Die Fliegen könnten durch schimmeliges Obst angelockt worden sein oder in den Tiefen der Biotonne Gammliges gefunden und sich damit infiziert haben. Doch verhindert das Immunsystem lebender Organismen in der Regel wirksam einen Befall, auch unternehmen befallene Fliegen keinen Gruppenausflug auf Grashalme.

Echter Mehltau
Erysiphaceae

Haben sich die Fliegen einfach nur in mit Mehltau infizierten Pflanzen gewälzt? Hierbei handelt es sich um einen Schlauchpilz, der einen abwischbaren weißen Belag bildet. Der Pilz dringt durch die Zellwände und entzieht Nährstoffe. Gegen diese Theorie spricht, dass es doch ein arger Zufall wäre, so viele in Mehltau gefallene Fliegen gleichzeitig vorzufinden.

Detaillierte Täterbeschreibung

Der Täter ist offensichtlich ein Pilz, er vermehrt sich besonders gut bei einer hohen Luftfeuchte und Wirtsdichte – die Stubenfliege ist das Opfer ihres eigenen Erfolgs und hat keine Chance: Sobald eine Spore auf ihr landet, keimt sie in wenigen Stunden aus und der Pilz wächst nach innen, wo er sich mehrere Tage von den Körpersäften ernährt. Ist alles verbraucht, wird es höchste Zeit für den Ausbruch. Die Sporenträger wachsen nach außen und die Fliege stirbt.

Der Gärtner
Homo horticola

Der Mörder ist immer der Gärtner? Dieser hat Backpulver gegen Ameisen vor der Haustür verstreut, damit keine Straße unter der Tür hindurch in die Küche entsteht. Das Mittel quillt im Magen der Tiere auf, doch kann es auch andere Insekten töten, sollte also nur im Haus verwendet werden. Es ist unwahrscheinlich, dass mehrere Fliegen gleichzeitig davon gefressen haben.

Fliegentöterpilz
Entomophthora muscae

Alle Indizien sprechen für ihn: Dieser raffinierte Pilz befällt Stubenfliegen und zwingt sie, kurz vor ihrem Tod auf Pflanzen zu klettern. Typisch ist die starke Schwellung ihres Hinterleibs, der dadurch gestreift wirkt. Die Sporenträger erscheinen bald zwischen den Segmenten. Platzen sie schließlich auf, sind weiße Sporen in der direkten Umgebung sichtbar.

TÄTER

Fahndung

Der zu ermittelnde Pilz ist so winzig wie gewitzt, daher existiert kein vernünftiges Fahndungsfoto. Er kann erst überführt werden, wenn er bereits getötet hat, denn vorher ist er unsichtbar und wäre nur in einer Blutprobe mittels DNA-Vergleich nachweisbar – und da er so schnell zuschlägt, ist er ein in Fliegenfamilien gefürchteter Massenmörder. Erst die völlig deformierten Opfer, allesamt Stubenfliegen, überführen ihn, untermauert durch einen DNA-Test: Es ist der Fliegentöterpilz.

Fliegentöterpilz (*Entomophthora muscae*)

MOTIV

Räuberische Erpressung

Die Sporen des Fliegentöters müssen nicht mit der Nahrung aufgenommen werden, es reicht, wenn sie auf dem ahnungslosen Opfer landen. Der Parasit wächst in der Fliege heran, indem er ihren Körper sämtlicher Nähstoffe beraubt, wie ein innerer Vampir. Kurz vor ihrem Tod setzt er auch noch perfide Psychotricks ein.

Persönlichkeitsveränderung: Bestimmte Stoffe setzen sich ins Gehirn der Fliege und wandeln sie zum Zombie: Der Pilz macht ihr Beine und sie wird gezwungen, an senkrechten Strukturen hinaufzuklettern und sich festzuklammern. Zusätzlich quillt ein Tropfen aus ihrem Rüssel hervor, der wie ein Klebstoff wirkt. Nun tritt der Tod ein und kurz darauf bricht der Pilz aus dem Körper aus, um die Sporen freizusetzen. Die gespreizten Flügel erleichtern dies. Mit Glück treffen die Sporen bei so einer Explosion zufällig eine in der Nähe sitzende gesunde Fliege.

Nekrophilie: Der Fliegentöter geht aber gern auf Nummer sicher und überlässt nichts dem Zufall: Infizierte tote Fliegen sind attraktiver für Männchen als gesunde. Sie wittern ein Superweib und versuchen sich mit ihm zu paaren. Doch statt der Romanze ihres Lebens ist es eine toxische Beziehung. Der Fliegentöter ist also Heiratsschwindler und Geschlechtskrankheit in einem.

Der Täter taucht unter: Später im Jahr bilden sich aber Dauerstadien des Pilzes und die Fliege fühlt sich nicht zu Höherem berufen, sondern fällt zu Boden, wo die Sporen überwintern.

La Familia – weitere Schurken: Die Stubenfliege ist nicht das einzige Opfer. Andere Spezies des Syndikats sind auf Schwebfliegen, Stechmücken, Wanzen oder Zikaden spezialisiert.

NÜTZLICHER TÄTER

Der Fliegentöter tritt bei einer hohen Individuendichte des Wirts rasch auf den Plan. Haben sich die Stubenfliegen, die harmlos, aber aufdringlich sind und im Haus nerven können, durch ein gutes Nahrungsangebot stark vermehrt, bringt der leise Killer wieder alles aufs normale Maß zurück.

15. FALL

Gestern sah ich sie noch zärtlich beim Gruppenkuscheln miteinander ringen und nun liegen sie bleich und leblos mit dem Bauch nach oben im Teich!

Naturgärtner lieben Teiche! Da kann man meditativ Molchen zuschauen oder fröhliche Frösche quaken hören. Doch was da eines Morgens im Wasser trieb, war weder meditativ noch feucht-fröhlich: dicke, tote Kröten. Anscheinend durchweg die größeren Weibchen – das ist abscheulich und gar nicht romantisch!

LIEBE
bis in den Tod

TATORT

Der Gartenteich im Frühling an einem milden, feuchten Märzmorgen. Die Nacht davor war regnerisch, die Kröten kamen in Scharen zur Paarung und zum Ablaichen. Die ganze Nacht ging es wild zu und auch am nächsten Tag wird das Liebesspiel mit großem Enthusiasmus fortgesetzt. Nur dass einige Tiere nun nicht mehr daran teilnehmen können …

INDIZIEN

- tote Erdkröten liegen oder treiben im Wasser
- der Größe nach zu urteilen sind die Opfer alles Weibchen
- manche Kröte wird von einem Männchen, das deutlich kleiner ist, eng umschlungen
- die Tiere scheinen äußerlich unverletzt zu sein

Die Tatortreinigung muss noch warten
Die SpuSi hat den Umriss der Leiche mit Kreide markiert.

ZEUGEN

- Zeugen sahen mehrfach einen Graureiher am Teich stehen, er soll gierig hineingeschaut haben – sicher nicht, um sein Spiegelbild zu betrachten.
- Nachbarn berichteten von Waschbären und Wanderratten, die in der Nacht der Wildkamera ins Netz gegangen sind.
- Der Gärtnerinnen-Gatte meinte, dass die Männchen bei der Paarung äußerst rabiat vorgehen und sich zu mehreren auf ein Weibchen stürzen würden.
- Es wurden Grasfrösche beobachtet, die zur mutmaßlichen Tatzeit auch im Teich schwammen.

VERDÄCHTIGE

Faktencheck

Die Spurensicherung war vor Ort und präsentiert ihre Ergebnisse: Es finden sich weder im Wasser noch am Teichufer Blut oder Spuren eines Kampfes. Die Obduktion hat keine äußeren Verletzungen ergeben und konnte auch keine Spuren von Gift im Blut nachweisen. Da die Opfer also keine Biss- oder Stichwunden zeigen, kann Nahrungsaufnahme als Motiv wohl guten Gewissens ausgeschlossen werden, außer der Täter hat die Opfer erst ertränkt und wurde dann vor dem Verzehr gestört. Da die Todesursache offenbar Ertrinken war, kann es auch einen anderen Grund für ihr vorzeitiges Dahinscheiden geben – Eifersucht oder Konkurrenz etwa?

Graureiher
Ardea cinerea

Wenn der Graureiher sich Kröten oder Frösche aus dem Teich schnappt, ist das nichts für schwache Nerven. Das Tier wird mit dem Schnabel aufgespießt, fallengelassen, gewendet, noch mal durchbohrt, bis er es nach einer gefühlten Ewigkeit Kopf voran verschluckt. Grasfrösche schreien dabei jämmerlich. Spuren hinterlässt der Reiher nicht: Es kommt nichts weg.

Waschbär
Procyon lotor

Der clevere Räuber aus Amerika ist mit allen Wassern gewaschen und mit dem Fang von Amphibien kennt er sich aus. Am Gartenteich ist er in seinem Element, greift sich Kröten und weidet sie an Land aus. Da deren Haut Giftdrüsen enthält, vermeidet er es, sie zu verspeisen, sondern hinterlässt nur noch die Haut als auffälliges Indiz für seinen Raubzug.

Detaillierte Täterbeschreibung

Der Mörder besiedelt verschiedenste Lebensräume vom Wald über Wiesen und Streuobstflächen bis zu naturnahen, giftfreien Gärten. Er kommt mit trockenen oder wechselfeuchten Habitaten besser zurecht als andere Vertreter seiner großen Verwandtschaft. Im Garten braucht er einen ausreichend großen Teich mit mehr als 50 cm Wassertiefe und einer nicht zu kleinen Fläche, wo das Weibchen im März kettenartige Laichschnüre hinterlässt. Totholzstrukturen, Trockenmauern und Benjeshecken nutzen die dämmerungs- und nachtaktiven Tiere gern als Tagesversteck abseits der Laichzeit.

Erdkrötenmännchen
Bufo bufo

Krötenmänner sind zur Paarungszeit geradezu blind vor Liebe und greifen sich alles, was auch nur entfernt nach einem Weibchen aussieht, und lassen dann auch nicht mehr los. Oft umarmen mehrere Männchen in ihrem Wahn eine unglückselige Krötendame, die so in einem wilden Knäuel verstrickt unter Wasser gedrückt wird – könnte das zu ihrem Tod geführt haben?

Grasfrosch
Rana temporaria

Sie laichen in etwa zur selben Zeit in denselben Teichen wie Erdkröten und haben somit schon mal kein Alibi. Könnten sie etwa kaltblütig Kröten im Wasser gepackt und ertränkt haben, um sich Konkurrenz vom Hals zu halten? Ein Motiv wäre da, doch müssten sich schon mehrere forsche Frösche zusammentun, um als Komplott das kräftige Krötenweibchen zu überwältigen.

TÄTER

Fahndung

Kommissar Zufall kam den Ermittlern zu Hilfe: Da sich Kröten nachts und am Tag gleichermaßen paaren, konnte der Tathergang unter den wachsamen Augen der Anwesenden nicht nur rekonstruiert, sondern genau beobachtet werden: Mehrere Männchen umschlangen ein Weibchen und drückten es so lange unter Wasser, dass es erstickt ist. Keiner wollte nachgeben. Es handelt sich also streng genommen eher um Totschlag als um Mord, denn Vorsatz konnte man den Herren nicht nachweisen, schließlich war bei der Überzahl an Männchen jedes Weibchen wertvoll.

Erdkröte (*Bufo bufo*)

MOTIV

Im Paarungsrausch zu Tode geliebt

Erdkröten sind Kulturfolger, die auch mitten in Städten vorkommen können, wenn es Laichgewässer gibt, die ihnen zusagen. Oft schnappen sich die kleineren Männchen schon auf dem Weg zum Teich ein Weibchen und reiten huckepack bei ihm mit. Doch das hindert Konkurrenten nicht daran, ebenfalls ihr Glück zu versuchen. Ein von einem Rivalen ergriffenes Männchen piepst empört, um den anderen auf seinen Irrtum aufmerksam zu machen, was den aber meist nicht zum Loslassen bringt.

Tödliche Umarmung: Im Wasser angekommen wird es für die Weibchen, die ständig in der Unterzahl sind, noch brisanter. Damenwahl gibt es nicht und so stürzen sich mehrere Männchen gleichzeitig auf die Angebetete und versuchen, die Oberhand gegenüber den anderen zu erlangen. Kröten können zwar eine Zeit lang über die Haut atmen, bei so viel körperlicher Aktivität reicht das aber nicht. Und so kann es passieren, dass das Weibchen unter dem Andrang der Verehrer im Wasser keine Luft mehr bekommt und stirbt, wenn es keine Entfesselungskünstlerin ist.

Bis dass der Tod uns scheidet: … und darüber hinaus: Selbst, wenn das Weibchen schon erstickt ist, lassen die Männchen noch lange nicht los. Doch das ist nicht die einzige Gefahr, die den Kröten droht. Neben Waschbären und Reihern sind es auch Wanderratten, die die Amphibien mit den goldenen Augen erbeuten. Sie haben es leicht, da sie gut schwimmen können, genauso wie der Iltis, der am Krötenzaun in einen regelrechten Blutrausch geraten kann und sich sogar Vorräte von mit gezielten Bissen gelähmten Kröten anlegt. Manchmal spezialisieren sich auch Bussarde auf das Erbeuten von Kröten. Besonders hinterhältig sind Krötengoldfliegen, deren Larven ihre Opfer von innen auffressen. Erdkröten haben es also wahrlich nicht leicht.

Kröten sind außerhalb der Laichzeit eher an Land anzutreffen.

PRÄVENTION

Die durch Unfälle bei der Paarung getöteten Weibchen gefährden zwar den Arterhalt nicht, doch erleiden die Tiere durch den Klimawandel, Neozoen wie Waschbären und andere Gefahren schon große Verluste. Wenn du also solche Paarungsknäuel siehst, bei dem das Weibchen ersticken könnte, greif ruhig beherzt ein.

16. FALL

Voller Spannung erwarte ich die ersten schlüpfenden Bestäuber am Bienenhotel. Aber was sind das für grässliche Fratzen?

Die Insektennisthilfe auf der Terrasse war letztes Jahr ein voller Erfolg bei den Wildbienen, jedes Bohrloch ausgebucht. Aus einigen Röhren schauen nun aber statt plüschiger Mauerbienen Mäuler mit kapitalen Kieferklauen. Doch der Mörder ist längst verschwunden – die komischen Gebilde sind hohl.

Mord im Bienenhotel:
Summm mir das Lied vom Tod

TATORT

Bienenhotel auf der Terrasse. Die summende Betriebsamkeit ist etwas leiser als letztes Jahr. Manche der von den Mauerbienen gründlich zugemauerten Bohrlöcher in der hölzernen Nisthilfe sind ausgeräumt. Von den ursprünglichen Bewohnern verliert sich jede Spur.

INDIZIEN

- die Gäste des Bienenhotels wurden anscheinend im Schlaf überrascht und aufgefuttert, die von den Wildbienen fleißig mit feuchter Erde verschlossenen Röhren sind geöffnet
- aus den Eingängen ragen leere Hüllen mit Teufelsfratzen, die einem Schaufelbagger ähneln
- bei näherer Untersuchung der Hülle erkennt man einen segmentierten Körper und Flügelansätze – ist der Täter also fliegend entkommen?
- die Röhre ist ansonsten nahezu leer, die Bienenlarven sind verschwunden und wurden offenbar gefressen

Zum Fürchten
Dieses seltsame Wesen mit klauenbewehrten Kiefern lag unter der Nisthilfe.

ZEUGEN

- Zeugen wollen beobachtet haben, wie im Morgengrauen die Lehmverschlüsse im Bienenhotel geöffnet wurden – von innen! Sie beschrieben den entflohenen Täter als larvenähnlich und flügellos. Er hatte auffallend große, mächtige Mundwerkzeuge.
- Kurz darauf soll ein bleiches, graues Insekt aus der Haut gefahren sein, das später aber von anderen Zeugen als schwarz und davonfliegend, mit schwarzen Tattoos auf den Flügeln beschrieben wurde.
- Wenige Tage später werden schwarze, brummende Insekten am Ort des Geschehens angetroffen – kehrt der Täter etwa zum Tatort zurück?

VERDÄCHTIGE

Faktencheck

Dass der Täter aus dem Inneren des Bienenhotels kam, gibt der Mordkommission Rätsel auf: War es kein Ein-, sondern ein Ausbruch? Ist der Täter etwa ein Opfer und wurde gegen seinen Willen festgehalten? Da Bienen keine Gefangenen halten, wird diese Spur verworfen. Dass es sich schlicht um geschlüpfte, fertig entwickelte Mauerbienen gehandelt hat, wird aufgrund der völlig anderen Mundwerkzeuge ausgeschlossen – Bienen haben einen Saugrüssel, kein riesiges Gebiss. Aufgrund der Zeugenberichte wird nach einem Ganoven mit Flügeln gefahndet.

Mauerbienen-Taufliege
Cacoxenus indagator

Kleine graue Fliege mit roten Augen, ähnlich einer *Drosophila*, die stets verschlagen am Bienenhotel herumlungert, wenn die Bienen mit dem Eintragen von Pollen beschäftigt sind. Sie läuft in die Nistgänge und legt dort Eier ab. Die Larven fressen den Pollenvorrat der Bienenlarve. Allerdings passt ihre Länge von 3–4 mm nicht zur Größe der gefundenen Hüllen.

Gemeiner Bienenkäfer
Trichodes apiarius

Der bunte Blütenbesucher hat eine dunkle Vergangenheit, denn die Larven fressen Pollen und Bienenlarve und zerstören die Zwischenwände der Zellen. Doch in diesem Fall hat er ein Alibi, denn er braucht mehrere Jahre für seine Entwicklung, das Bienenhotel wurde aber erst letztes Jahr aufgehängt. Auch hinterlässt er keine Puppenhülle am Eingang.

Detaillierte Täterbeschreibung

Das mörderische Insekt bewohnt Gärten und offene Landschaften, wo seine Wirte, die Mauerbienen, vorkommen. Es kann leicht am Bienenhotel beobachtet werden. Nach dem Schlupf trocknet es sich noch eine Weile am Tatort, bevor es davonfliegt und Blüten besucht, als könnte es kein Wässerchen trüben. Im Gegensatz zu vielen anderen seiner Zunft imitiert es keine Biene, sondern sieht aus wie eine typische Fliege, aber mit kunstvoll gemusterten Flügeln.

Gichtwespe
Gasteruption spec.

Da die Opfer, die Gehörnte und die Rostrote Mauerbiene, keine Kuckucksbienen haben, ist die rot-schwarze Gichtwespe verdächtig. Sie hat als Tatwaffe einen Legebohrer, den sie durch das Holz in das Bienennest einführt und ein Ei legt. Die Larve saugt den Bienennachwuchs aus. Allerdings hinterlässt auch dieser Täter keine außen abgestreifte Puppenhülle.

Trauerschweber
Anthrax anthrax

Er ist das schwarze Schaf der Wollschweber: Dunkel gefärbt mit gemusterten Flügeln schwirrt die dicke Fliege brummend um Bienenhotels herum und wirft ihre Eier zielsicher in die Eingänge. Die Larve frisst den Pollenvorrat und saugt später die Bienenlarve aus. Das Erscheinungsbild passt zum Täterprofil, auch die mit Zähnen bewehrte Puppenhülle.

TÄTER

Fahndung

Der Trauerschweber kristallisierte sich schnell als Hauptverdächtiger heraus. Die Fahndung entpuppte sich als überraschend einfach: Durch permanente Observation des Tatorts konnte er bald gefasst werden, da er als notorischer Wiederholungstäter stets zum Tatort zurückkehrt – wenn auch erst in der nächsten Generation seines verbrecherischen Clans.

Trauerschweber (*Anthrax anthrax*)

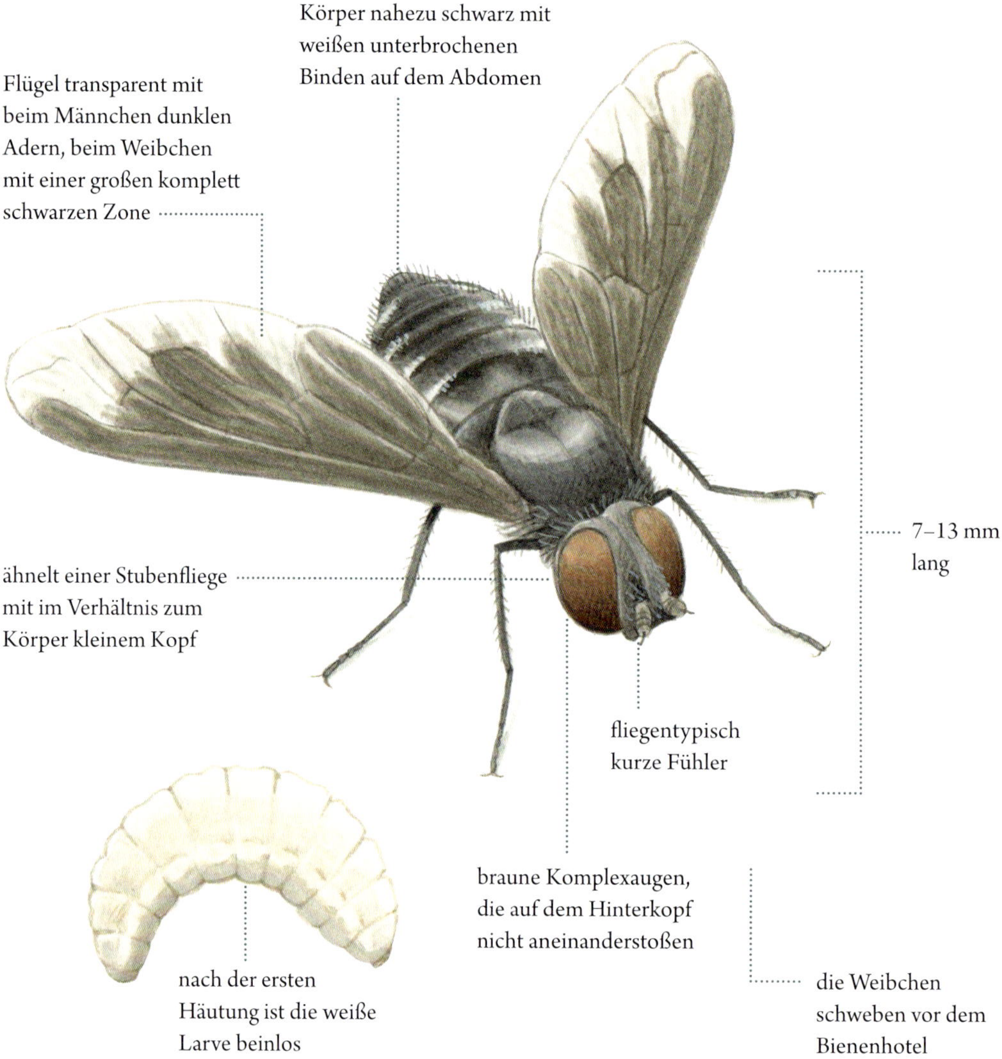

MOTIV

Raubmord

Die Täter wirft Eier in die offenen Mauerbienennester, damit die Larven den von den Bienenweibchen gesammelten Pollenvorrat und die angehende Biene fressen können. Da diese getötet wird, handelt es sich streng genommen um einen Parasitoiden, denn beim echten Parasitismus überlebt der Wirt meistens.

Die Opfer: Die Gehörnte und die Rostrote Mauerbiene gehören zu seinen Opfern, wobei Letztere am häufigsten zu den Geschädigten gehört. Da beide auch Stammgäste an Insektennisthilfen sind, kann der Trauerschweber oft beobachtet werden.

Mission impossible an der Nisthilfe: Seine kriminelle Laufbahn beginnt als Ei, doch der Anfang ist halsbrecherisch: Wie bei Wollschwebern üblich, schubbert das Weibchen seinen Po erst einmal auf dem Boden, um Sandkörner aufzusammeln. So gepudert fliegt es zum Bienenhotel, wo es vor den Eingängen schwebt und im Kunstflug die mit Sand beschwerten Eier in die Nester kegelt – eine echte Rabenmutter also, denn es wird auch mal etwas danebengehen.

Kein Serientäter: Die Larve schlüpft und robbt mit Stummelbeinchen zum Pollenvorrat, den sie auffrisst. Nach der ersten Häutung verliert sie die Beine wieder und lebt fortan als typische Fliegenmade. Später saugt sie auch an der Bienenlarve und tötet sie. Vorher kann diese aber noch den Kokon spinnen, in dem sich die Made miteinschließen lässt. Sie frisst also nur in einer Zelle und robbt nicht zur nächsten.

Ausbrecherkönig mit Schaufelbagger: Fliegen haben Saugrüssel, die sich nicht zum Graben eignen. Würde also die Fliege schon im Inneren des Bienenhotels schlüpfen, hätte sie ein Problem. Daher ist die Puppe beweglich und mit scharfen Mundwerkzeugen ausgestattet, mit dem sie sich zum Ausgang vorarbeitet, wo die Fliege schlüpft.

BEIHILFE ZUR TAT

Unterstützung bieten viele Nektarpflanzen, gern Korbblütler wie Habichtskraut, und eine Insektennisthilfe. Dazu noch eine Stelle mit sandiger oder lockerer Erde, wo sich die Weibchen den Hintern pudern können.

KRIMINELLE BANDEN: DIE AMEISEN-MAFIA

Die Arbeiterinnen sind flügellos. Der **Hochzeitsflug der Königinnen** und Drohnen endet damit, dass die begattete Königin je nach Art sofort oder erst im nächsten Frühjahr die Flügel abwirft und fortan im Untergrund lebt – wenn sie Glück hat, denn die nicht gerade begnadeten Flieger werden leicht von Vögeln geschnappt.

Ameisen im Garten melken **Blattläuse** und verteidigen sie bandenmäßig mit Schlägertrupps gegen Marienkäfer und andere Insekten, die ihnen ans Leder wollen.

MILCHVIEHHALTER UND PAKETZUSTELLER

Bis auf die Waldameisen fallen die sozialen Sechsbeiner im Garten landläufig in die Kategorie Schurkenstaat. Während Erstere als ehrenwerte Bürger und Vertilger von Schädlingen der Forstbäume hofiert werden, machen wir den Wegameisen in Haus und Hof eher Beine. Zum einen ist da ihre von uns verteufelte Viehhaltung: Ob unterirdische Wurzel- oder stängelsaugende Blattlaus, Ameisen sind zur Stelle, um sie als Pate zu beschützen, zu neuen Weidegründen zu tragen und gegen Feinde aggressiv zu verteidigen. Die Schwarze Wegameise lebt im Untergrund und überbaut bodennahe Läusekolonien sogar mit Erdkrümeln. Für ihre Dienste als Bodyguards bekommen sie auf Kommando Honigtau serviert. Außerdem untergraben Ameisen unsere Autorität als Grundstückseigner ebenso wie Pflastersteine.

Das eiweißreiche **Elaiosom**, hier an Lerchenspornsamen , ist unwiderstehlich für Ameisen. Sie müssen den Samen einfach mitnehmen. So keimt er garantiert weit weg von der Mutterpflanze, die die Bande als Paketdienst ausnutzt.

Ameisenstaaten werden trotz Türstehern leicht infiltriert von anderem lichtscheuen Gesindel. Die blinde **Ameisenassel** lebt undercover als Putzkraft im unterirdischen Nest.

Samenkuriere

Andererseits sind die Arbeiterinnen bei mancher Pflanze als Hebammen unterwegs: Lerchensporn, Borretsch, Krokusse und viele andere bieten am Samen ein nahrhaftes Elaiosom an, das für Ameisen so verführerisch ist, dass sie den Samen mitnehmen, das Leckerchen verspeisen und die Saat anderswo ablegen, wo sie keimt. So kriminell sind sie also gar nicht.

17. FALL

Sie fühlte sich immer schlapper und kippte schließlich tot vom Ast – was war passiert?

„Ich bringe nicht nur Glück, ich habe auch manchmal eine ganz gehörige Portion davon“, dachte sich die Larve vom Siebenpunkt-Marienkäfer. Frisch geschlüpft wähnte sie sich im Schlaraffenland: Um sie herum saftige Holunderblattläuse in Massen, ein Festessen! Doch je mehr sie davon fraß, umso schlechter wurde ihr, aber es gab ja nichts anderes.

GIFTMORD
am Holunder

TATORT

Ein Holunderstrauch im Garten. Wie jedes Jahr im Frühjahr sind die frisch ausgetriebenen Äste schwarz vor Holunderblattläusen. Solche Massenansammlungen locken immer Marienkäfer an, die die Vollversammlung genauso rasch auflösen, wie sie einberufen wurde. Erst fressen die erwachsenen Käfer von den Läusen, dann legen sie Eier in die Kolonie, damit ihre Larven gleich mitten im reich gedeckten Büfett schlüpfen können. So auch der Siebenpunkt-Marienkäfer.

INDIZIEN

- die Larven des Siebenpunkt-Marienkäfer entwickeln sich am Holunder langsamer als in Blattlauskolonien mit anderen Arten, wie zum Beispiel der Schwarzen Bohnenblattlaus
- es sterben mehr Larven
- aus Larven, die sich trotz allem verpuppen, schlüpfen Käfer, die nur ein Schatten ihrer selbst sind: Sie sind kleiner und leichter als normalerweise
- andere Marienkäferarten zeigen dieses Phänomen weniger ausgeprägt (Zweipunkt-Marienkäfer) oder gar nicht (Zehnpunkt-Marienkäfer)

Robuster Madenmagen?
Während Marienkäferlarven sich den Magen verderben, scheint es den Schwebfliegenlarven am Holunder prächtig zu munden.

ZEUGEN

- Zeugen haben Ameisen beobachtet, die die Marienkäfer und ihre Larven gepiesackt und am Fressen gehindert haben.
- Auch wurden Blaumeisen gesehen, die an den Ästen gepickt haben – ob Blattläuse oder Marienkäferlarven gefressen wurden, war aber nicht zu erkennen.
- Andere Zeugen entdeckten auch Schwebfliegenlarven in der Blattlauskolonie.
- Noch auf den Ästen herumlaufende Marienkäferlarven, denen auch ein wenig schlecht geworden war, äußerten den Verdacht, dass Insektizide gespritzt worden waren.

VERDÄCHTIGE

Faktencheck

Da die toten und geschwächten Marienkäferlarven keine äußerlichen Wunden aufwiesen, wurde ein Übergriff durch andere Blattlaus-Prädatoren, Vögel oder Ameisen, schnell verworfen. Ein Bandenkrieg mit Schutzgelderpressung durch andere Marienkäfer, die um dieselbe Nahrungsressource konkurrierten, war möglich, doch es schien ihnen sehr oft selbst nicht gut zu gehen. Schwebfliegenlarven wiederum greifen sich doch wohl nur Blattläuse und gehen den Käfern höflich aus dem Weg? Es deutete eher alles auf eine Vergiftung hin.

Hainschwebfliege
Episyrphus balteatus

Die Larven dieser Art sind neben den Nachkommen der Gewöhnlichen Langbauch-, der Zweiband-Wiesen- und der Kleinen Schwebfliege die häufigsten Fressfeinde der Holunderblattlaus. Gegenüber Marienkäferlarven verhalten sie sich aber eher wie weidende Gnus, sind also nicht aggressiv oder futterneidisch. Sie sondern auch keine für Käfer giftigen Stoffe ab.

Schwarze Holunderblattlaus
Aphis sambuci

Eine Blattlaus als Täter klingt so unglaubwürdig, dass sie bei der Rasterfahndung zunächst übersehen wurde. Wie eine träge Milchkuh sitzt sie auf dem Holunder und scheint kein Wässerchen trüben zu können. Bei der Obduktion einer toten, weil vom Ast abgestürzten Blattlaus wurden aber tatsächlich toxische Stoffe in ihrem Körper nachgewiesen, die auch im Holunder vorkommen.

Detaillierte Täterbeschreibung

Von März bis November bewohnt der Unhold Gärten, Waldränder und Gebüsche in Parks und an Feldern. Er überzieht die Äste vom Schwarzen Holunder schnell wie ein dunkler Pelz, doch so schnell wie er gekommen ist, ist er auch schon wieder abgewandert oder aufgefressen von seinen zahlreichen Feinden – denen diese Nahrung aber unterschiedlich gut bekommt.

Asiatischer Marienkäfer
Harmonia axyridis

Als Käfer mit Migrationshintergrund, der schon dabei beobachtet wurde, wie er Larven anderer Marienkäfer verspeist, wird er ganz schnell zum Hauptverdächtigen. Er wurde also engmaschig observiert, wobei aber keine tätlichen Angriffe auf seine Nahrungskonkurrenten beobachtet wurden, stattdessen schien er selbst Opfer der mysteriösen Vergiftungsfälle zu sein.

Der Gärtner
Homo horticola

Hat der Gartenbesitzer tatsächlich Gift gegen die Blattläuse gespritzt und dabei wissentlich in Kauf genommen, ihre Prädatoren ins Jenseits zu befördern? Beim Verhör schwor er Stein und Bein, dass er von jeher biologisch gärtnern und niemals Insekten meucheln würde. Bei einer Hausdurchsuchung wurde keinerlei Gift oder marienkäferfeindliche Propaganda gefunden.

TÄTER

Fahndung

Da der Gärtner nach Beweissicherung im Gartenschuppen nicht als Täter infrage kam, musste die Spurensicherung das ganz große Besteck rausholen und sowohl Holunder als auch Blattlaus einer chemischen Untersuchung unterziehen. Das Toxscreening wies das Glykosid Sambunigrin im Holunder und auch in der Blattlaus nach, da sie gar nicht anders kann, als es über den Phloemsaft aufzunehmen. Die Marienkäferlarven vergiften sich offenbar beim Fressen – doch wieso ist die Blattlaus putzmunter? Der Täter ist gefunden, doch der Tathergang noch unklar.

Schwarze Holunderblattlaus (*Aphis sambuci*)

MOTIV

Giftcocktail zur Feindabwehr

Der Holunder hat ein biologisches Wettrüsten begonnen, indem er Giftstoffe einlagert, die ihn ziemlich gut vor hungrigen Mäulern bewahren. Unter anderem enthält er das Blausäureglykosid Sambunigrin, das bei Zellverletzungen Blausäure freisetzt.

Bombenentschärfung à la Blattlaus: Die Holunderblattlaus liegt beim Wettrüsten vorn, denn sie verhindert durch einen raffinierten Stoffwechselmechanismus, dass sich beim Saugen Blausäure abspaltet. So kann sie den Holunder anzapfen, ohne sich zu vergiften. Nun sitzt sie also da wie ein für Marienkäfer unwiderstehliches Proteinpaket. Vom eingebauten Zeitzünder wissen sie nichts und so beißen sie herzhaft zu, nur um sich schleichend an den Blattläusen zu vergiften.

Die Opfer: Der Siebenpunkt-Marienkäfer ist am anfälligsten, gefolgt vom Zweipunkt – der lange Zeit als völlig immun galt – dem Asiatischen und einigen Schwebfliegenlarven. Dem Zehnpunkt-Marienkäfer scheint das Gift nicht viel auszumachen.

Blattlaus – Marienkäfer 1 zu 0: Im Experiment sterben frisch geschlüpfte Siebenpunkte nach ein paar Wochen, wenn sie ausschließlich Holunderblattläuse fressen. Bei einer geringen Dosis wird die Eiablage gehemmt. Die Larven brauchen bei einer Holunderblattlaus-Diät länger in ihrer Entwicklung, können sich oft nicht verpuppen und sterben. Das kommt den Blattläusen natürlich sehr gelegen!

Holunder als Warnung: In Versuchen stellte sich heraus, dass die Käfer die Beute weniger leicht als giftig erkennen, wenn man sie ihnen ohne den Holunder präsentiert. Sie scheinen also in der Natur sehr wohl erkennen zu können, dass sie sich mit dieser Nahrung keinen Gefallen tun, doch ignorieren sie die Warnung offenbar bei Nahrungsmangel. Trotz erhöhter Mortalität und geringerem Gewicht entwickeln sich aus den Larven ja doch ein paar Käfer, wenn auch keine Glückspilze.

BEIHILFE ZUR TAT

Da die Holunderblattlaus an der Pflanze keinen dauerhaften Schaden anrichtet und bald wieder verschwunden ist, kann man sie ruhig gewähren lassen.

18. FALL

Die Schnirkelschnecke hatte einen anstrengenden Morgen hinter sich und wollte sich einfach nur noch für ein kleines Nickerchen in ihr Haus zurückziehen. Doch daraus wurde nichts …

… sie fühlte sich wie getrieben und etwas nagte an ihr. Da zwickte sie doch ununterbrochen etwas von hinten in die Fühler! Sie versuchte, dem Beißer davonzulaufen, aber konnte ihn nicht abschütteln. Sie kroch und kroch immer weiter, bis ihr auch noch ganz schwummrig vor den Stielaugen wurde. Schließlich brach sie zusammen und war mausetot.

Der apokalyptische Schneckenreiter

TATORT

Terrasse. Eine Schnirkelschnecke hetzt im Rahmen ihrer Möglichkeiten von rechts nach links über die gesamte Breite, dabei sitzt ihr irgendwas im Nacken. Schließlich wird sie immer langsamer, zieht Kopf und Körper am Ende ins Gehäuse zurück, als wollte sie schlafen. Ihr seltsamer Reiter ist irgendwann verschwunden, einige Wochen später wird das Gehäuse leer aufgefunden.

INDIZIEN

- es trifft nur Gehäuseschnecken
- sie rennen wie von der Tarantel gestochen los
- etwas Haariges, Kleines sitzt auf dem Gehäuse und scheint sie zu zwicken
- die Schnecke ist irgendwann erschöpft und zieht sich ins Haus zurück
- dann stirbt sie, noch später ist das Gehäuse leer, aber äußerlich unbeschädigt

Keine leere Drohung
Die Schnecke litt definitiv nicht unter Verfolgungswahn: Am Ende war das Haus ausgeräumt.

ZEUGEN

- Zeugen meinen, das Reiterlein wäre strubbelig wie eine Federboa und eher hellbraun gewesen.
- Andere berichteten, dass das Wesen sich wie eine Bulldogge in der Schnecke festgebissen hätte.
- Das Pelztier soll sechs Beine gehabt haben.
- Es wurde einige Tage vorher dabei beobachtet, wie es einem Fährtenhund nicht unähnlich suchend herumgelaufen wäre.

VERDÄCHTIGE

Faktencheck

Der schamlose Täter wurde einvernehmlich als flügellos beschrieben, soll aber flotte Beine in sechsfacher Ausfertigung gehabt haben. Aufgrund seiner zupackenden Art muss von einem Insekt mit starken Kiefern ausgegangen werden. Die Sippe der Käfer ist meist mit starken Mandibeln ausgestattet, sodass sich das Täterprofil auf sie konzentriert. Wegen der Flügellosigkeit auf die Gilde der schneckenjagenden Käferlarven. Einige jugendliche Delinquenten müssen zur Gegenüberstellung antreten – das Jugendstrafrecht gilt wegen der Schwere der Tat jedoch nicht.

Kleiner Leuchtkäfer
Lamprohiza splendidula

So ein Lichtwesen soll hinterhältig einer Schnecke im Nacken sitzen? Tatsächlich sind die Larven, die einer Kreuzung aus Assel und Schuhsohle ähnlich sehen, gefräßige Schneckenjäger. Als Bulldogge kommt aber eher die Larve des Großen Glühwürmchens infrage. Sie sind jedoch nachtaktiv und noch dazu völlig unbehaart, passen also nicht zu den Zeugenaussagen.

Schwarzer Schneckenjäger
Phosphuga atrata

Diese Käferlarve ist platt, aalglatt und glänzend schwarz, wie ein Ritter in Rüstung. Sie traut sich was, greift sogar junge Weinbergschnecken an, die um ein Vielfaches größer sind als sie. Ihr Gift ist stark, sodass sie ihr Opfer nur längere Zeit beißen muss und dann in Ruhe auffressen kann. Doch auch hier passt das Erscheinungsbild nicht.

Detaillierte Täterbeschreibung

Von Mai bis Juni ist der unheimliche Reiter zu sehen, wobei nur das Männchen auffällt, weil es fliegen kann. Das Weibchen lebt versteckt am Boden in Moos oder Gras. Das Tier kommt auf Wiesen, in Parks, an Waldrändern und in naturnahen Gärten vor. Die Larven laufen ab Juli auf der Suche nach Schnecken umher und sind das Stadium, das man am ehesten zu Gesicht bekommt.

Schneckenkäfer
Drilus concolor

Er gehört zu den Schnellkäfern und ist etwas ganz Besonderes. Das Weibchen ist eine raupenähnliche, ungeflügelte Wuchtbrumme, das schmächtige, kleine Männchen aber ein typischer Käfer. Es ist nicht haarig, aber die zotteligen Larven tragen rote Troddeln – würden also sehr gut zum Phantombild passen, und eine Schneckenmahlzeit lassen sie sich nicht entgehen.

Gewöhnlicher Schaufelläufer
Cychrus caraboides

Dieser nachtaktive Laufkäfer ist ein wichtiger Räuber von Schnecken, auch seine Larven sind keine Kinder von Traurigkeit. Sie können bis zu 20 mm lang werden, sind schwarz, breit und dicklich. Sie ernähren sich sehr gern von Nackt- und Gehäuseschnecken und haben starke Kiefer, aber auch ihnen fehlt die Federboa aus dem Täterprofil, sie sind völlig unbehaart.

TÄTER

Fahndung

Bei der Gegenüberstellung wurde die Larve des Schneckenkäfers von allen Zeugen eindeutig identifiziert, zu sehr stach ihre wilde rothaarige Frisur aus der Reihe der anderen, eher glatten Kandidaten heraus. Zur Sicherheit hatten alle Verdächtigen noch eine Speichelprobe abgegeben, die mit der aus der toten Schnecke gewonnenen abgeglichen wurde. Und er war überführt! Insgeheim sympathisierten die anwesenden Zeugen (alles Staudenfreunde) mit den Schneckenfressern, obwohl sie zugaben, dass die sich lieber an Nacktschnecken oder der eingeschleppten Marmorierten Weinbergschnecke vergreifen sollten.

Schneckenkäfer (*Drilus concolor*)

das Analsegment der Sommerlarve kann sich an der Beute festsaugen

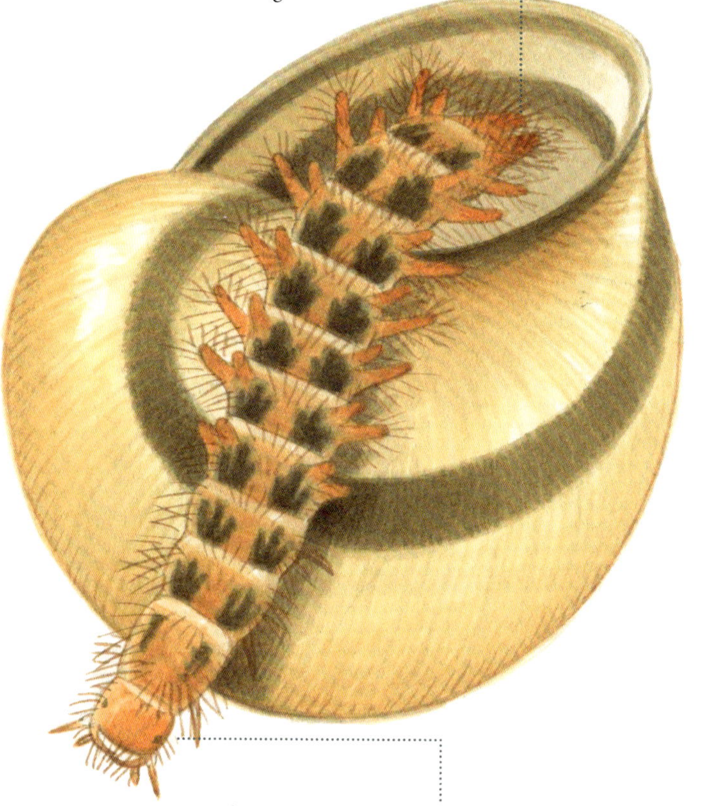

Das Käfer-Männchen ist 4–5 mm lang, schwarz und mit gesägten Fühlern; das Weibchen ist raupenförmig und 12–14 mm lang.

die Sommerform der Larve ist agil mit rotbraunen Fortsätzen am Körper, die pelzig behaart sind und zum Hinterleibsende hin immer länger und buschiger werden

Die helle Winterform der Larve überwintert madenartig mit verkümmerten Beinen.

MOTIV

Schneckenmahlzeit „to go“

Die Larve ist ein echter Profi, was das Auffinden und Überwältigen von Gehäuseschnecken angeht. Wie ein Spürhund nimmt sie Fährte auf und sucht die Beute. Hat sie sie gefunden, ist sie wählerisch: Zunächst prüft sie, ob die Größe des Schneckenhauses ihr passt. Wenn das so ist, klettert sie auf die Schnecke, saugt sich mit dem Hinterleibsende am Gehäuse fest und beißt die Schnecke von hinten in Kopf oder Fühler. Größere Larven suchen sich Schnirkelschnecken aus, kleinere nehmen Schließmundschnecken oder andere Arten aufs Korn.

Flucht nach vorn: So gepiesackt sucht die Schnecke ihr Heil in der Flucht, doch der Feind auf ihrem Rücken lässt sich nicht abschütteln. Das Weichtier schwankt bei dem Angriff zwischen Einigeln und Rückzug ins Gehäuse oder einem erneuten Sprint. Auch eine Absonderung von Schleim soll den Beißer abschrecken, doch der ist gewitzt und kann ihn mit seinen Mandibeln entfernen. Die Schnecke versucht es auch mit Drehen und Wenden des Körpers, was mit ein bisschen Glück den Reiter abwirft.

Im Dauerlauf in den Tod: Die Käferlarve injiziert mit ihrem Biss Gift, sodass die Schnecke langsam träge wird. Sie läuft zwar stundenlang immer noch weiter, aber irgendwann ist sie zu erschöpft und gibt auf. Das ist der Moment, wo sich die Larve als Hausbesetzer in das Gehäuse zwängt. Hier lebt sie wie die Made im Speck und frisst das Schneckenhaus leer.

Der Winter kommt: Ist es noch Sommer, verlässt die nun pappsatte Larve das leere Schneckenhaus, um sich ein neues, größeres Opfer zu suchen. Ist es aber schon Herbst, bleibt sie im Gehäuse, verwandelt sich in das inaktive Stadium und überwintert. Im Frühjahr verpuppt sie sich oder geht wieder zum aktiven Stadium über – es wird angenommen, dass die Larvenentwicklung trotz der proteinreichen Nahrung 2–3 Jahre dauert.

Der Verwandte des Täters: Gelber Schneckenkäfer (*Drilus flavescens*).

BEIHILFE ZUR TAT

Der Käfer und die Schnirkelschnecken freuen sich über einen Garten ohne Schneckenkorn mit vielen Stauden und Gehölzen, gern auch einer Blumenwiese.

19. FALL

Die Heldin dieser Geschichte konnte nicht sehen, was für ein Unheil um sie herum geschah, und ließ sich lieber schnell fallen.

Die Wickenblattlaus fühlte sich sehr wohl in der großen Gemeinschaft ihrer Schwestern, mit denen sie die Zaun-Wicke bewohnte. Die Kolonie war mit der Zeit zu einer stattlichen Größe angewachsen. Die Blattlaus hatte eben den Rüssel in eine frische Hülse der Wicke gestochen und wollte sich einen schmackhaften Drink genehmigen, als sie plötzlich merkte, wie ihre Nachbarinnen Alarm auslösten – die Kolonie wurde angegriffen und immer mehr der Kolleginnen wurden von der Pflanze gezerrt und einige sogar getötet.

Ein süßes,
aber mörderisches Dilemma

TATORT

Ein eigentlich friedlicher Biogarten, in dem Zaun-Wicke (*Vicia sepium*), Vogel-Wicke (*Vicia cracca*), Breitblättrige Platterbse (*Lathyrus latifolius*) oder andere Wicken in der Wiese oder am Zaun ranken. Die Stauden wurden extra für Wildbienen und Schmetterlinge gepflanzt und nicht mit der Idee, Blattläuse zu fördern, aber die sechsbeinigen Sauger werden von den Gartenbesitzern geduldet. Trotzdem gerät die Kolonie in Not und wird brutal, aber extrem leise attackiert – doch von wem?

INDIZIEN

- nach anfänglichem Erfolg und rascher Vermehrung werden die grünen Wickenblattläuse (*Megoura viciae*) plötzlich weniger
- andere Blattlausarten aber, wie die schwarze Kuhbohnen-Blattlaus (*Aphis craccivora*), bleiben ungestört und vermehren sich munter weiter
- es sind Ameisen zwischen den Blattläusen unterwegs
- besonders schnell werden die Kolonien der Wickenblattlaus an der Zaun-Wicke dezimiert, während die Tiere an den anderen Pflanzen in Ruhe gelassen werden

Schutz in der Gemeinschaft?
Von wegen! Der Frieden in dieser Kolonie Wickenblattläuse währte nicht lange.

ZEUGEN

- Überlebende Wickenblattläuse geben zu Protokoll, deutlich den Geruch von Alarm-Pheromonen wahrgenommen zu haben, was in Läusekreisen das Signal zum Evakuieren ist.
- Es wurden von einigen Zeuginnen der Schwesternschaft Ameisen gemeldet, die gebieterisch und mürrisch an der Kolonie vorbeimarschierten.
- Die benachbarten Blattläuse, allen voran die Kuhbohnen-Blattlaus, wurden dabei beobachtet, wie sie sich bei den Ameisentruppen mit dem Ausschenken einer Runde frisch gezapften Honigtaus angebiedert haben.
- Siebenpunkt-Marienkäfer waren an den Wicken unterwegs, verschwanden aber immer schnell wieder.

VERDÄCHTIGE

Faktencheck

Die Ermittler stehen vor einem Problem: Alle Verdächtigen hätten ein Motiv. Doch haben sie auch alle die Fähigkeiten, einen Mord zu begehen? Die Zaun-Wicke könnte natürlich insgeheim die Blattläuse vergiften und es wäre auch möglich, dass nur die Wickenblattlaus nicht resistent dagegen wäre. Gegen diese Theorie sprechen aber die Alarm-Signale, die plötzlich in der Kolonie in den Äther gepustet wurden. Einzig der Marienkäfer macht keinen Unterschied, sondern kurzen Prozess bei den beiden Blattlausarten – und müsste wohl als Täter ausscheiden?

Schwarze Wegameise

Lasius niger

Eigentlich ein Freund und Helfer, lässt sich die Ameise mit Honigtau bestechen, den sie bandenmäßig als Schutzgeld in der Kolonie eintreibt. Im Gegenzug beschützt sie die nicht gerade in Nahkampftechniken geübten Läuse vor feindlichen Übergriffen durch Marienkäfer und Co. Die Wickenblattlaus weigert sich aber, diese mafiösen Strukturen zu unterstützen.

Kuhbohnen-Blattlaus

Aphis craccivora

Diese schwarze Laus liebt Wicken genauso wie die quietschgrüne Wickenblattlaus und kommt somit auch am Tatort vor. Sie zahlt immer pünktlich ihr Schutzgeld an die Ameisen, doch kann sie auch konkurrierende Läuse anderer Clans von der Wicke schubsen, um Konkurrenz auf der Pflanze zu vermeiden? So etwas wurde bei den friedlichen Weidegängern noch nie beobachtet.

Detaillierte Täterbeschreibung

Die organisierte Bande, die man wirklich auf allen Wegen trifft, bewohnt Wälder, Parks und Gärten. Sie legt ihre Nester unter Steinen oder Terrassenplatten an, gern auch im Rasen, in Schnellkompostern, Mauerritzen oder unter Baumrinde. Wenn sie einen Zugang zum Haus findet, kundschaften Pfadfinder alles aus, und wenn sie etwas Verwertbares finden, hat man bald eine ganze Armada in der Küche. Die Tiere lieben Honigtau und anderen Süßkram, aber auch proteinreiche Nahrung in Form von Insekten. Sie züchten sogar Vieh von der Wurzel- bis zur Blattlaus. Im Hochsommer findet der Hochzeitsflug statt, sehr zur Freude der Singvögel.

Siebenpunkt-Marienkäfer
Coccinella septempunctata

Der Marienkäfer ist Persona non grata in der Blattlauskolonie. Er futtert seine Opfer auf und ist somit verdächtig. Der entlastende Hinweis ist, dass er beide fraglichen Blattlausarten zum Fressen gernhat und beide für ihn nicht giftig sind (siehe Fallakte 17), also alle Kolonien dezimiert werden sollten. Die schwarzen Läuse aber kommen ungeschoren davon.

Zaun-Wicke
Vicia sepium

Die Wicke lässt sich ungern aussaugen und dabei womöglich mit fiesen Viren infizieren. Sie hätte also ein Motiv. Die Staude hat aber auch noch ein cleveres Ass im Ärmel – sie bietet Nektar aus Drüsen an den Blättern an, um Ameisen als Bodyguards zu bezahlen. Diese extrafloralen Nektarien fehlen anderen Wicken. Sind sie das entscheidende Detail zur Auflösung des Falls?

TÄTER

Fahndung

Der Schlüssel zur Lösung dieses kniffligen und extrem kleinteiligen Falls liegt tatsächlich in den extrafloralen Nektarien der Zaun-Wicke: Ameisen werden bei genauer Observation dabei ertappt, wie sie die süße Nahrungsquelle anzapfen, gleichzeitig aber auch die Kuhbohnen-Blattläuse melken, die ihnen gern mit Honigtau entgegenkommen. Die Wickenblattlaus aber wird nicht lange höflich gebeten, doch mal endlich das Schutzgeld rauszurücken, sie wird stattdessen von den Ameisen zu Boden geworfen oder gleich aufgefressen, denn als Proteinpaket taugt eine unkooperative Blattlaus immer.

Schwarze Wegameise (*Lasius niger*)

MOTIV

Vertraglich vereinbarter Pflanzenschutz

Unter den Blattläusen gibt es myrmekophile und nicht-myrmekophile Arten. Erstere, zu denen die Kuhbohnen-Blattlaus zählt, lassen sich gern auf einen Deal mit den Ameisen ein und bezahlen mit Honigtau, damit die Kavallerie ihnen als fortan Unantastbare alle Feinde vom Leib hält. Nicht-myrmekophile Arten boykottieren solche Handelsabkommen, wie die Wickenblattlaus. Sie weigert sich beharrlich, auf Kommando Süßigkeiten abzugeben, und die Ameisen wissen das auch. Eine Verweigerungshaltung wird mit dem Rauswurf bestraft, oft auch mit dem Tod als wehrloser Proteinlieferant.

Was darf's sein: Honigtau oder Pflanzensaft? Bei der Zaun-Wicke stecken die zwickenden Ameisen selbst in der Zwickmühle: Die Pflanze bietet ihnen aus den extrafloralen Nektarien sowieso Zucker, ob mit oder ohne Blattlausbesatz. Als Gegenleistung erwartet die Wicke nun ihrerseits die Security an ihrer Seite. Die Ameisen halten sich auch an den Vertrag und beißen Samenkäfer und Raupen – ach, eigentlich fast jedes Insekt – weg, doch da die Kuhbohnen-Blattläuse ihnen viel mehr Honigtau zahlen als die Wicke Nektar springen lässt, werden sie vertragsbrüchig und horten die lukrativen Milchkühe.

Wer nicht zahlt, fliegt raus: Da die Wickenblattlaus die Zeche prellt, machen die Ameisen dann wieder den Rausschmeißer: In Versuchen zeigte sich, dass mit Ameisenpatrouillen die Gemeinschaften der Wickenblattläuse etwa 20 Tiere nicht überschritten, ohne Kontrolle aber zur Hundertschaft anwuchsen. Ganz loswerden wollen die Ameisen die Läuse aber nicht, denn dann hätten sie keine zahme Beute mehr zur Hand. Doch das Leben ist auch für myrmekophile Läuse kein Zuckerschlecken: Wer faul ist und nicht schnell genug Honigtau liefert, wird kurzerhand gefressen.

Extraflorale Nektarien sind Drüsen, die Nektar absondern, aber außerhalb einer Blüte liegen. Sie locken keine Bestäuber, sondern Insekten, die im Austausch für Nektar Schutz vor Fraßfeinden bieten. Bei der Wicke sitzen sie an Nebenblättern, bei der Berg-Flockenblume an den Blütenhüllblättern.

BEIHILFE ZUR TAT

Die Zaun-Wicke ist eine tolle Staude für die Zaunwicken-Sandbiene und Langhornbienen. Sie wächst in Blumenwiesen oder am Gartenzaun und ist für viele Beobachtungen gut, nicht nur für das Ameisen-Dilemma.

20. FALL

Warum liegen in Parks und botanischen Gärten Früchte herum, die niemand anrührt? Sie vergammeln mehr oder weniger unangetastet.

Ob saftige große Kugeln vom Osagedorn, riesige Schoten mit weichem Fruchtfleisch von Gehweihbaum oder Gleditschie oder die orangefarbenen Früchte der Amerikanischen Persimone, auch Kaki genannt – sie alle liegen herum wie Ladenhüter. Das Mysteriöse: Das ist auch in der Heimat dieser Gehölze nicht anders. Der Grund für das Rätsel um die verschmähte Bückware ist also nicht der, dass der Baum bei uns fremd ist und seine tierischen Kunden zu Hause bleiben mussten. Wo sind die großen Säugetiere, die sich dafür begeistern? Wurden sie gar ermordet?

Gärtnern
mit Geistern

TATORT

Gärten und Parks. Auf dem Boden liegen haufenweise saftige Früchte, gigantische samentragende Hülsen oder gelbe Stinkbomben wie beim Ginkgo, die kein Tier futtern möchte. Warum macht sich die Pflanze so eine immense Mühe, wenn dieses Angebot ungenutzt bleibt? Immerhin dienen die schmackhaften Früchte nur einem Zweck: Große Tiere zu ködern, damit sie sie verschlucken und die Samen weit weg von der Mutterpflanze mit einem Haufen düngendem Mist als Starterpaket ausgestattet und keimbereit wieder ausscheiden.

INDIZIEN

- die Früchte liegen unter dem Baum und verrotten mehr oder weniger langsam
- das Gehölz hat eine lückenhafte Verbreitung
- wenn Samen keimen, dann oft in der Nähe der Mutterpflanze
- der Baum kommt wild hauptsächlich an Flussufern vor
- manchmal werden die Früchte von Nagern angefressen, oft inklusive der kostbaren Samen
- viele Arten vermehren sich vegetativ über Ausläufer

Kompost statt Kalorien
Die dicken Früchte vom Osagedorn möchte niemand fressen – auch in seiner Heimat Nordamerika nicht.

ZEUGEN

- Zeugen berichten, dass sie Mäuse beobachtet haben, die an den Samen der Gleditschie gefressen haben.
- An einem Gewässer fanden sich angeknabberte Hülsen, die offenbar von Nutrias oder Bisamratten verspeist wurden.
- In Nordamerika wurde beobachtet, wie Opossums in die Äste der Persimone kletterten und die Früchte verschluckten. Anschließend wurde der Samen ausgespuckt.
- Ein botanisch interessierter Spaziergänger teilte mit, dass er noch nie eine angefressene Hülse unter dem weiblichen Geweihbaum im Park gesehen hätte.

VERDÄCHTIGE

Faktencheck

Große, auffällig gefärbte oder duftende Früchte mit Fruchtfleisch produzieren Pflanzen nur aus einem einzigen Grund: Sie locken damit Säugetiere, die groß genug sind, um sie im Ganzen zu verschlucken. Ihre Zähne schleifen beim Kauen an den Samen und beschädigen die Oberfläche, sodass die Keimung erleichtert wird. Kleinere Tiere wie Mäuse jedoch ernähren sich entweder von den Samen oder fressen nur das Fruchtfleisch, ohne den Samen keimfähig zu machen. Komplett verschmähte Früchte werden das Opfer von Pilzen, die auch die Samen vernichten. Füchse und Bären sind, wenn sie das Fallobst überhaupt mögen, nur zweite Wahl beim Verbreiten der Samen, da sie keine großen Wanderungen unternehmen. Die Saat dieser Gehölze wurde von ausgestorbenen Tierarten der Megafauna, also den körperlich größten Organismen wie Rinder, Pferde, Elefanten oder Kamele, verbreitet, die nun als Geister herumspuken. Wer oder was hat sie eigentlich auf dem Gewissen? Ein Cold Case neu aufgerollt.

Klimaveränderung

Lange wurde angenommen, dass die eiszeitliche Megafauna des Pleistozäns bestehend aus Mammuts, Riesenfaultieren, Wollnashörnern sowie den vielen Pferden und Kamelen Nordamerikas durch eine Klimakatastrophe ausgelöscht wurde. Dagegen spricht, dass zum Beispiel das Wollhaarmammut auf arktischen Inseln bis ins Holozän hinein überlebte, genauso wie große Faultierarten auf karibischen Inseln. Die Megafauna Madagaskars starb sogar erst vor 2 000 Jahren aus.

Detaillierte Täterbeschreibung

Der Schuldige ist eine Erfolgsgeschichte der Evolution, kostete aber viele Arten das Leben, denn er jagte äußerst effizient. Die Megafauna des Pleistozäns litt besonders in Nordamerika unter der Bejagung und erholte sich nicht mehr davon. Deshalb gibt es dort auch viele Gehölze mit großen Früchten, die nun keiner mehr fressen mag, sodass sie sich oft nur noch an Flüssen halten konnten, wo die Samen flussabwärts verbreitet werden und im Wasser angerottet keimen können. Für einige Arten gab es eine unerwartete Wendung, als die ersten Siedler aus Europa Pferde und Esel mitbrachten, denn die heimischen Huftiere Nordamerikas waren längst ausgestorben. So fand sich erneut Kundschaft, besonders für die schmackhaften Riesenhülsen der Gleditschie.

Mensch
Homo sapiens

Ein stichhaltiges Indiz für den Menschen als Täter ist, dass das Massenaussterben ganz zufällig mit der Ausbreitung des *Homo sapiens* zusammenfällt. Davon blieb kein Kontinent verschont. Viele Arten der Megafauna vermehrten sich langsam und konnten sich daher kaum noch von der ausgeklügelten Jagd durch Menschen erholen. Steinzeitliche Jäger töteten mit Speeren durch eine gemeinschaftliche Jagd sogar Elefanten, die ahnungslos und treuherzig vor der für sie neuen Bedrohung standen.

TÄTER

Fahndung

Ein Krimi aus grauer Vorzeit: Einen Beweis für das Verschwinden der Megafauna durch Überjagung liefert vielleicht der australische Kontinent, wo das Erlöschen der pleistozänen Riesenkänguruhs mit der Besiedlung durch Menschen, nicht aber mit klimatischen Veränderungen korreliert. Sie überlebten noch einige Zeit auf Tasmanien, das erst später erobert wurde. Augenzeugen für diese Hypothese gibt es natürlich nicht, sodass man sich allein auf fossile Belege verlassen muss. Fakt ist aber, dass die ausgestorbene Megafauna Pflanzenarten zurückließ, die sich ohne diese großen Pflanzenfresser und ihre Dienstleistungen nur noch mehr schlecht als recht vermehren.

Mensch (*Homo sapiens*)

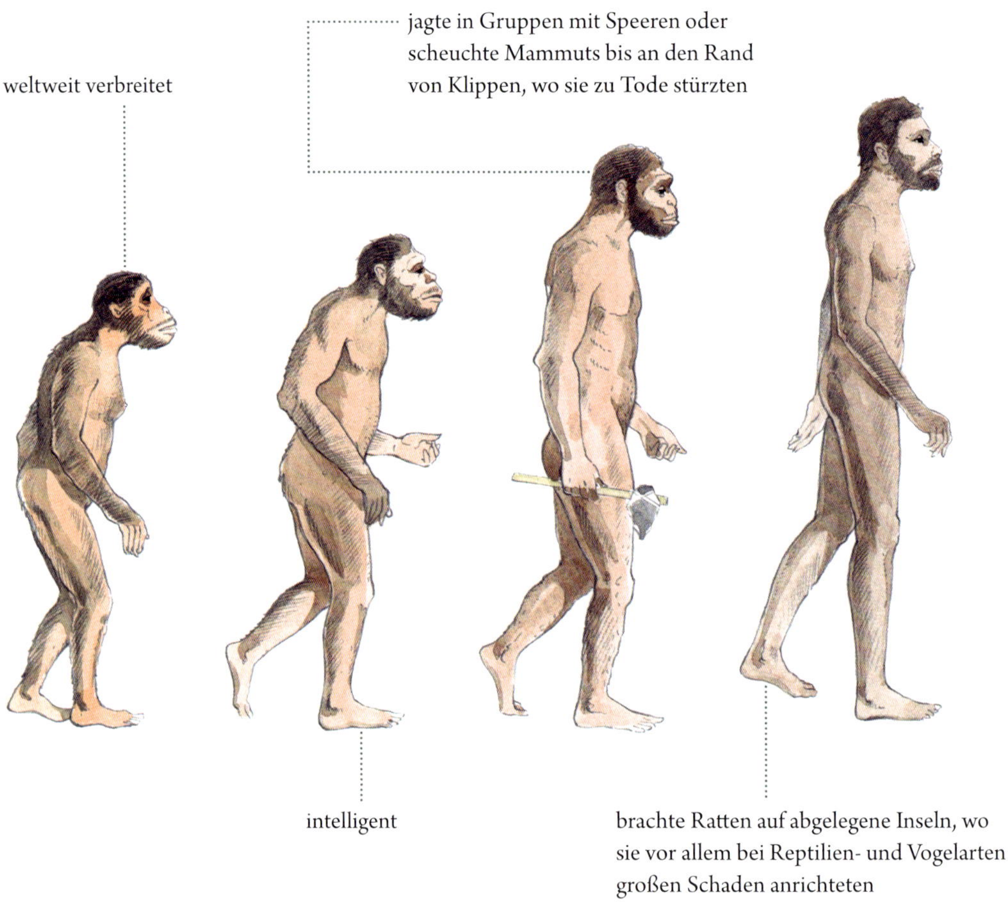

MOTIV

Töten für das Abendessen

Der Overkill an der Megafauna als die primären Opfer, die für den Nahrungserwerb der Jäger und Sammler ihr Leben lassen mussten, führte zu einigen bizarren Hinterbliebenen, wie dem Osagedorn oder Milchorangenbaum, dessen saftige, hellgelbe Früchte vermutlich von Mammuts und Mastodons gefressen wurden. Heutzutage liegen sie herum und vergammeln.

Comeback als lebender Stacheldraht: Der zweihäusige Baum hat Glück, dass er sich auch selbst befruchten kann, wenn nur noch ein einsames Weibchen zurückbleibt. Heutzutage werden die Früchte von Pferden gefressen. Ironischerweise rettete wiederum der Mensch den Osagedorn, der aus ihm lebende Weidezäune anlegte, da die Zweige stark bedornt sind.

Die Banane reift für keine Kunden: Auch die gerade bei uns so beliebte Indianerbanane oder Pawpaw hat anachronistische, aus der Zeit gefallene, große Früchte. Die Samen sind giftig, sollten also nicht zerkaut werden, weswegen auch hier die Megafauna als Verbreiter ideal war. Immerhin bildet die Pflanze Ausläufer und wird von Hirschen nicht angerührt. Mehr Erfolg hat sie nun durch Gärtner.

Die Geister der Evolution: Wo immer die von der Megafauna verlassenen Gehölze noch zu finden sind, spuken Mammuts und Riesenfaultiere um sie herum. Die Evolution hat sie im Stich gelassen, indem sie den so erfolgreichen wie verheerenden *Homo sapiens* hervorbrachte. Selbst in europäischen Wäldern kann man Geistern begegnen: Der Ilex produziert zur Abwehr von Pflanzenfressern pieksige Blätter. Erst ab einer Höhe, die für die größten noch lebenden Pflanzenfresser nicht mehr erreichbar ist, entwaffnet er sich. Er fürchtet immer noch die Rückkehr des ausgestorbenen Riesenelchs.

PRÄVENTION

Auch heute gibt es noch Megafauna wie Nashörner oder Tapire, die in den Tropen die Früchte viele Pflanzenarten verbreiten. Wir sollten sie schützen, um nicht noch mehr Geister der Evolution zu produzieren, denn wo diese Gehölze aussterben, fehlen am Ende auch Bestäuber, Blattfresser und deren Räuber.

SERVICE

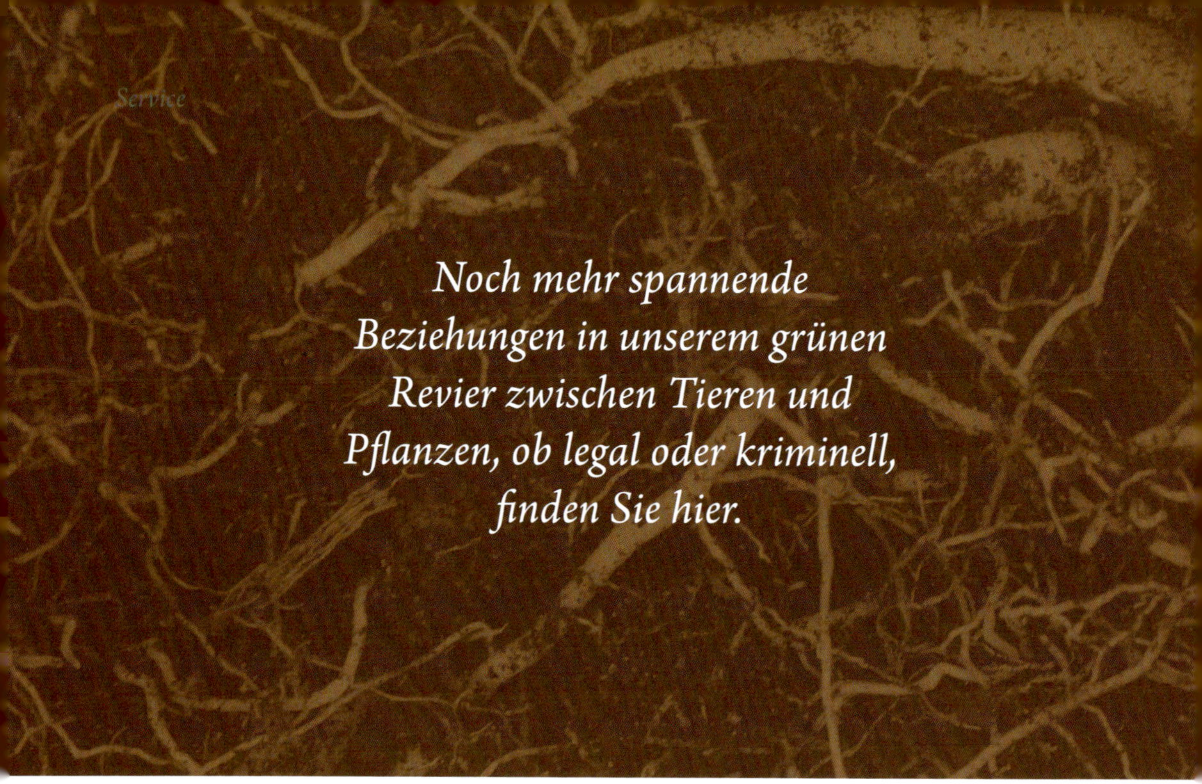

Noch mehr spannende Beziehungen in unserem grünen Revier zwischen Tieren und Pflanzen, ob legal oder kriminell, finden Sie hier.

ZUM WEITERLESEN

Adriaens, Aino: **Efeu erwürgt Baum: Schluss mit Fake News aus dem Garten**
Verlag Eugen Ulmer 2023

Barlow, Connie: **The Ghosts of Evolution: Nonsensical Fruit, Missing Partners And Other Ecological Anachronisms**
Basic Books, überarbeitete Aufl. 2002

Bellmann, Heiko · Helb, Matthias: **Bienen, Wespen, Ameisen,** Franckh Kosmos Verlag, 4. Aufl. 2024

Spohn, Roland · Spohn, Margit: **Bäume und ihre Bewohner: Der Naturführer zum reichen Leben an Bäumen und Sträuchern**
Haupt-Verlag 2016

Spohn, Roland · Spohn, Margit: **Blumen und ihre Bewohner: Der Naturführer zum reichen Leben an Garten- und Wildpflanzen**
Haupt-Verlag, 2. Aufl. 2020

Schwarzer, Elke: **Heimische Pflanzen für den Garten**
Verlag Eugen Ulmer, 3. Aufl. 2022.

Schwarzer, Elke: **Lass wachsen!**
Verlag Eugen Ulmer 2024

Schwarzer, Elke: **Mein Bienengarten**
Verlag Eugen Ulmer, 2. Aufl. 2020

Schwarzer, Elke: **Mein Schmetterlingsgarten**
Verlag Eugen Ulmer, 2. Aufl. 2022

Schwarzer, Elke: **Meise mag Melisse**
Verlag Eugen Ulmer, 2. Aufl. 2025

Schwarzer, Elke: **Richtig gute Pflanzen für Insekten**
Verlag Eugen Ulmer 2025

Westrich, Paul: **Wildbienen, die anderen Bienen**
Verlag Eugen Ulmer 2024

DIE AUTORIN

Elke Schwarzer ist Diplom-Biologin und so oft es geht in der Natur unterwegs. Sie fotografiert Pflanzen und Insekten und gärtnert in ihrem Naturbiogarten mit Kompost, torffreier Erde und ohne Pestizide. Auch in ihrem Garten gibt es etliche Verbrecher zu entdecken. Meistens sind die Mörder von Stauden und Gemüse aber die Nacktschnecken, deren kriminelle Energie sie mit einer entsprechenden Pflanzenauswahl zügelt.
Im Winter untersucht sie das Bodenleben mit dem Makroobjektiv und hält das aufregende Leben von Kugelspringer und Co. im Bild fest. Ihre Fotos zeigt sie bei Instagram unter @guenstiggaertnern. Unter www.guenstiggaertnern.blogspot.com berichtet sie auch über ihre Gartenerlebnisse.

REGISTER

M

N

O

P

R

S

T

W

Z

BILDQUELLEN

Alle Fotos stammen von **Elke Schwarzer** mit Ausnahme der folgenden:
Shutterstock.com: Aleksandra Budnik: Seite 40, 72; anitapol: Seite 44, 76, 104; aylaaDesigns: Seite 88, 100; banjongseal324SS: Seite 14, 114; Cahya RNA: Seite 54, 126; DJTaylor: Seite 74 re.; Edgar G Biehle: Seite 2/3, 34, 120; Eric Isselee: Seite 64, 84; Eshma: Seite 3 (Pins); Hendra Susanto0311: Seite 8, 26; JuaniRuiz: Seite 60, 132, 140; Katarzyna Sobotka: Seite 66, 106; MakroBetz: Seite 20, 94; maradon 333: Seite 135; MichaelJayBerlin: Seite 3 (Faden); Nicolas Primola: Seite 38; Orla: Seite 134; thatmacroguy: Seite 108 li.; unpict: Seite 12 o.; Vaclav Sebek: Seite 62 li.; vsnyder88: Seite 46, 80; Wirestock Creators: Seite 123 re.
Francisco Welter-Schultes, CC0, via Wikimedia Commons: Seite 50
istock.com/Lucia Ghetti: Titelbild
mauritius images: Seite 12 u., 48 re., 128 re., 130, 136
Sommer, Barbara: Seite 141
www.apidarium.de: Seite 30, 58

Die Zeichnungen auf den Seiten 18, 24, 70, 92, 98, 110, 118 und 124 fertigte **Steffen Walentowitz**.

IMPRESSUM

Die in diesem Buch enthaltenen Empfehlungen und Angaben sind von der Autorin mit größter Sorgfalt zusammengestellt und geprüft worden. Eine Garantie für die Richtigkeit der Angaben kann aber nicht gegeben werden. Autorin und Verlag übernehmen keine Haftung für Schäden und Unfälle. Bitte setze bei der Anwendung der in diesem Buch enthaltenen Empfehlungen dein persönliches Urteilsvermögen ein. Der Verlag Eugen Ulmer ist nicht verantwortlich für die Inhalte der im Buch genannten Websites.

Anmerkung zur Schreibweise (Gendering): Gendergerechtigkeit und Inklusion sind bei uns gelebte Praxis – bei der Auswahl unserer Themen, bei der Recherchearbeit, in der Gestaltung. Unsere Texte meinen alle. Damit unsere Inhalte jedoch gut lesbar bleiben, verzichten wir in diesem Werk auf die jeweilige Mehrfachnennung oder Anpassung der Schreibweise bestimmter Bezeichnungen an die weibliche, männliche oder diverse Form.

Bibliografische Information der Deutschen Nationalbibliothek
Die Deutsche Nationalbibliothek verzeichnet diese Publikation in der Deutschen Nationalbibliografie; detaillierte bibliografische Daten sind im Internet über http://dnb.d-nb.de abrufbar.

Wollgrasweg 41, 70599 Stuttgart (Hohenheim)
E-Mail: info@ulmer.de · Internet: www.ulmer.de
Projektleitung: Doris Kowalzik
Lektorat: Antje Krause
Herstellung: Verlag Eugen Ulmer
Umschlaggestaltung:
siegel konzeption | gestaltung, Stuttgart
Satz: Antje Warnecke, nordendesign.de
Reproduktion: time:ray, Jettingen
Druck und Bindung: Pustet, Regensburg
Printed in Germany

ISBN 978-3-8186-2734-8